フライパンでおいしい和食

日本奶奶的
平底鍋料理

煎煮炒炸蒸燙，
一鍋到底搞定一桌菜

高木初江——著　大庭英子——監修

蔡麗蓉——譯

一口平底鍋在手
輕鬆搞定美味和食！

平底鍋原本是用來烹煮西式料理的鍋具，
非常適合用於煎炒食材。
鍋子的表面經過加工讓食材不易燒焦，
對於新手而言是最容易上手的料理器具，
更是蒸、煮、炸通用的萬能鍋具。
接著，就來介紹各種平底鍋的用法！

1 煮料理
可以完美上桌

平底鍋為寬口設計，可將食材全部擺入，就連
脆弱的蔬菜也不會煮爛，料理完成後依舊能維
持好看的外觀。而且要將食材先炒後煮時，只
要使用表面加工後的平底鍋，就不必擔心肉類
在炒過之後會黏在鍋底碎不成形或燒焦。

⇒可以做出這些菜！

馬鈴薯燉肉、蕪菁燉豆腐丸、壽喜燒、醬燒燜雞、滷
豬肉、梅干沙丁魚、青花魚味噌煮、肉豆腐、滷南瓜、
白蘿蔔土佐煮等等。

2 蒸料理
也難不倒它

一提到清蒸料理，大家是否以為一定得使用蒸
鍋或是蒸籠呢？其實只要蓋上完全符合平底鍋
大小的鍋蓋將蒸氣鎖住，就能簡單做出清蒸料
理。用平底鍋蒸料理時，可在熱水煮滾後連同
容器一起下鍋蒸，也能將食材直接倒入鍋中以
少量水分蒸熟。

⇒可以做出這些菜！

茶碗蒸、香鮭蒸鮮蔬、清蒸甜蔬豬肉片、酒蒸蛤蜊、
青蔥蒸鯛魚、豆腐蒸蝦、芝麻味噌茄子等等。

4

氽燙、油炸

少水少油就行

基本上氽燙料理須準備大量熱開水，油炸料理也得使用大量的油來炸。但如果只是想準備 2～4 人份的家庭料理，其實平底鍋便足夠了。鍋底面積大的平底鍋可接觸到大範圍的爐火，因此水及油的加熱速度快，食材很快就能煮熟。

⇒可以做出這些菜！

〔氽燙〕涼拌小松菜、涼拌油菜花、味噌美乃滋青花菜、芝麻拌菠菜等等。
〔油炸〕風味炸雞、紫蘇雞胸天婦羅、炸竹筴魚、龍田風炸青花魚、涼拌茄子等等。

3

煎料理

三兩下完成

説到煎烤而成的和食，就會想到烤網和烤盤，但是對於初學者而言，這些用具並不容易操作。不過只要掌握一些訣竅，例如油的用量、火力大小以及翻面方式，那麼靠平底鍋也能完成具有金黃色澤且口感鬆軟的煎烤料理，事後整理更不費力。大家不妨經常做些煎烤料理，豐富餐桌的菜色。

⇒可以做出這些菜！

鹽燒秋刀魚、照燒雞肉、香煎串燒雞肉、串燒豬肉、蒲燒沙丁魚、油煎味噌鰆魚、章魚燒、玉子燒、香煎蓮藕肉餅等等。

日本奶奶的平底鍋料理
contents

烹調出美味
日式菜餚
的技巧

精選食材的
和食食譜
70 道

動手做料理之前的準備

準備 2 口大小不同的平底鍋以便使用

表面加工的平底鍋不易沾鍋且容易保養，因此非常推薦給新手使用。烹煮 2 人份的料理時，最好準備直徑 24～26cm 與直徑 18cm～20cm 這 2 種尺寸，而且稍具厚度的平底鍋，操作起來會比較方便。此外還需要有符合平底鍋尺寸、耐熱玻璃材質的鍋蓋，可觀察鍋內的烹煮情形。

平底鍋

24～26cm

小一點的平底鍋

18cm～20cm

鍋蓋

基本的火力調整方式

火力大小可觀察火焰接觸平底鍋鍋底的狀態加以判斷。請注意，瓦斯全開並不一定為大火。而稍強的中火意指落在大火與中火之間的火力，稍弱的中火則意指落在中火與小火之間的火力。

大火

意指平底鍋鍋底遍布火焰的狀態。在這種狀態下使用表面加工過的平底鍋容易造成損傷，所以基本上應使用比大火小一點的「稍強的中火」。

中火

意指火焰頂端似乎有接觸到鍋底的狀態。這是用來燙、煮、煎等烹調所需的基本火力大小。

小火

意指火焰高度落在鍋子或平底鍋的鍋底至火源根部一半距離左右。通常用於蓋上鍋蓋將料理蒸熟。

＊使用 IH 調理爐時，顯示火力的標示刻度會依各廠牌而異，火力（瓦數）較難預設。請仔細參閱使用說明書後再行使用。

分量測量單位

本書使用的量杯為 200ml，1 大匙為 15ml，1 小匙為 5ml。1ml ＝ 1cc。

煮高湯的方式

本書使用的高湯為昆布柴魚風味高湯。使用市售高湯粉時，請參考標示比例用水加以稀釋。如以昆布及柴魚片熬煮高湯時，請參閱下述作法（約 3 杯分），建議大家事先大量準備保存，方便取用。

1 將 3 又 1/2 杯水及 1～2 片昆布（5cm 的四方形）倒入鍋中，浸泡 1～2 小時備用。接著以小火加熱，在快要煮滾的前一刻將昆布取出。

2 倒入 8g 柴魚片，煮滾後將火關小，接著煮約 2 分鐘後熄火。

3 待柴魚片下沉後，以萬能濾網（或是網目較細的網篩）過濾。

保存 倒入密封容器中再放入冰箱冷藏保存，並在 2～3 天內使用完畢。

烹調出美味
日式菜餚
的技巧

不管是煮、煎、蒸、炸、炒或是燙，
平底鍋樣樣都能做到。
就讓我們先透過各種經典料理，
好好學習使用平底鍋做菜的技巧吧！
掌握平底鍋的烹調秘訣後，
肯定能做出更加豐富的日式美味。

煮

馬鈴薯燉肉

鬆軟的馬鈴薯吸飽牛肉的鮮味後，成就出這道分量十足的燉煮料理。
調味料分次下鍋，先讓甜味滲透進食材裡，味道會更加有層次。

材料（2～3人份）

牛肉片⋯200g
馬鈴薯⋯（大）3個（500g）
紅蘿蔔⋯（小）1根（120g）
洋蔥⋯（小）1個（120g）
沙拉油⋯1/2大匙
酒⋯2大匙
砂糖⋯1大匙
味醂⋯2大匙
醬油⋯3大匙

用平底鍋炒肉
就不會沾鍋！

作法

1 馬鈴薯切成4等分，泡水約10分鐘。紅蘿蔔切滾刀塊；洋蔥縱切成8等分的月牙形。接著將馬鈴薯放在濾網上，並將水分擦乾。

2 將沙拉油倒入平底鍋中以中火燒熱，再倒入牛肉炒散（a）。待牛肉變色後，再加入馬鈴薯、紅蘿蔔、洋蔥上下翻炒（b）。

3 翻炒均勻後加入酒、2/3～1杯水煮滾，再放入砂糖、味醂，蓋上鍋蓋以小火煮約8分鐘（c）。最後加入醬油拌勻，蓋回鍋蓋繼續煮8～10分鐘，直到馬鈴薯變軟為止。

〔1人份430kcal　用時35分〕

蓋上鍋蓋可以鎖住蒸氣，即使
滷汁少也能將馬鈴薯煮軟。

memo 平底鍋

應選擇尺寸相符的鍋蓋

煮東西或蒸東西都少不了鍋蓋,選擇適合平底鍋尺寸的鍋蓋,可鎖住熱能減少滷汁的蒸發,有效率地將食物煮熟。雖然也能使用鍋子的鍋蓋來代替,但是最好與平底鍋同時購買比較不會有問題。而且使用耐熱玻璃製成的鍋蓋可方便觀察鍋中的烹調狀態,例如滷汁還剩多少分量等。

＊耐熱玻璃材質的鍋蓋可觀察鍋內的烹調狀態。

蕪菁燉豆腐丸

使用寬口設計的平底鍋，可將蕪菁擺入鍋中避免煮散，
使充滿高湯風味的滷汁完全滲透進食材。

材料 （2人份）

蕪菁 … 3 個 *
冷凍蔬菜豆腐丸 … （小）4 個（120g）
甜豆 … 8 個（70g）
昆布（5cm 的四方形）… 1 片
柴魚片（裝入沖茶袋中／見下說明）
　… 10g

鹽 … 少許
　┌ 味醂 … 2 大匙
A │ 醬油 … 1 小匙
　└ 鹽 … 1/2 小匙

＊保留約 3cm 的莖部並除去葉
片後約為 300g。

作法

1　蕪菁保留 3cm 的莖部，將葉片切除，接著去皮並縱切成4等分半月形，然後泡水 5 ～ 10 分鐘除泥，再將水分瀝乾。甜豆去蒂及兩側的粗絲。

2　將 3 杯熱水倒入較小的平底鍋中煮滾後加入鹽，再倒入甜豆清燙約 2 分鐘，然後放在濾網上。

3　將作法 2 的平底鍋快速洗淨，倒入 1 又 2/3 杯水、昆布、柴魚片、蕪菁以中火加熱（a）。煮滾後蓋上鍋蓋，並以小火煮約 3 分鐘。接著加入冷凍蔬菜豆腐丸，煮滾後放入材料A（b），然後蓋回鍋蓋煮約 5 ～ 6 分鐘。再放進作法 2 的甜豆（c），煮滾後熄火。撈除昆布、柴魚片後盛盤。

〔1 人份 220kcal　用時 30 分〕

昆布與柴魚片一同倒入鍋中，一邊熬煮高湯一邊將蕪菁煮熟。

a

蕪菁煮到 5 分熟後，加入冷凍蔬菜豆腐丸、調味料繼續清燉。

b

沖茶袋 （包）

用不織布製成的小袋子，熬煮高湯時可將柴魚片等食材倒入袋中，熬煮後將整個袋子取出即可，以節省過濾的時間。也能裝入茶葉用來泡茶。

c

＊放入柴魚片的樣子。

煎

鹽燒秋刀魚

煎出金黃色澤的秘訣在於先將平底鍋充分加熱，再將秋刀魚下鍋。
靜待片刻後輕巧翻面，就可煎出酥脆可口的魚皮。

材料 （2人份）

秋刀魚 … 2尾（300g）
鹽 … 1/2 小匙
沙拉油 … 少許
白蘿蔔（磨成泥）… 200g
醋橘 … 1個
醬油 … 適量

作法

1 秋刀魚用水洗淨，以廚房紙巾擦乾，切成一半長度後，兩面撒鹽。白蘿蔔泥稍微瀝乾水分，醋橘橫切對半。

2 在平底鍋內塗上薄薄一層沙拉油後以中火燒熱。用水將調理筷稍微沾濕，接著用筷子前端碰觸平底鍋，待發出油爆聲後，將秋刀魚盛盤時預計朝上的那一面（盛盤時頭部朝左，腹部朝向自己）貼在鍋底，再以稍強的中火煎2～3分鐘，接著蓋上鍋蓋轉成小火，煎約3分鐘（a）。

3 用鍋鏟及調理筷將秋刀魚翻面（b），不需蓋回鍋蓋直接以稍強的中火煎約3分鐘，並用廚房紙巾將多餘的油脂擦掉（c）。

4 將秋刀魚盛盤，並搭配上白蘿蔔泥、醋橘，再依個人喜好將醬油淋在白蘿蔔泥上。

〔1人份 270kcal　用時 15 分〕

表面以稍強的中火油煎後，再以小火加熱至熟透。

a

煎竹筴魚乾

煎魚乾時不加油也OK！
使用中火，從魚肉處開始煎。

材料（2人份）

竹筴魚乾
　…2片（260g）
白蘿蔔（磨成泥）
　…120g
檸檬（切成半月形）
　…2塊
醬油…適量

作法

1 竹筴魚乾的魚皮朝上擺入平底鍋中，以中火加熱。煎4～5分鐘，待上色後翻面，再煎約4分鐘。等到魚皮煎至上色後即可。

2 盛盤，搭配上稍微瀝乾水分的白蘿蔔泥、檸檬，並依個人喜好將醬油淋在白蘿蔔泥上。

〔1人份 130kcal　用時10分〕

b

c

最後打開鍋蓋，一邊擦油脂一邊煎，這樣就能煎出酥脆的魚皮了。

照燒雞肉

閃耀著動人光澤的照燒醬汁，令人胃口大開。
快來學學怎麼用平底鍋煎出外酥內軟的雞肉吧！

材料 （2 人份）

雞腿肉 …（大）1 片（300 ～ 350g）

A ─ 味醂 … 2 大匙
├ 醬油 … 1 又 2/3 大匙
├ 酒 … 1 大匙
├ 砂糖 … 1/2 大匙
└ 薑汁 … 1 小匙

沙拉油 … 少許
蕪菁 … 1 個

作法

1 雞肉在烹調前 30 分鐘左右從冰箱
取出回溫。去除多餘的脂肪，再劃上
4 ～ 5 條淺刀痕後去筋（參閱 P.90）。
材料 A 拌勻備用。

2 將沙拉油倒入平底鍋中以中火燒
熱，再將雞皮朝下放鍋中。一邊以
鍋鏟按壓整塊雞肉一邊煎 3 ～ 4 分鐘
（a）。待上色後翻面，再蓋上鍋蓋
以小火蒸烤 5 ～ 6 分鐘（b）。

3 熄火，加入事先混合均勻的材料 A
（c），一邊晃動平底鍋一邊將醬汁
熬煮至濃稠為止。

4 蕪菁保留 5cm 的莖部並切除葉片，
連皮縱切成 6 等分的半月形，接著泡
水約 5 ～ 10 分鐘，並充分洗淨。取
出作法 3 的雞肉後縱切對半，片切成
1cm 厚。搭配蕪菁盛盤，並淋上平底
鍋中剩餘的醬汁。

〔1 人份 380kcal 用時 30 分（不包
含雞肉回溫的時間）〕

用鍋鏟按壓使雞皮緊貼在平底鍋上
才能均勻受熱，
煎出好看的金黃色。

a

較厚的雞肉須
蓋上鍋蓋慢慢
加熱至內部
熟透為止。

b

c

蒸

茶碗蒸

蛋液融入了牛奶的濃醇香，
再搭配雞絞肉的鮮味，
不用高湯也能完成口感十足的茶碗蒸。

材料 （2人份）

蛋液
- 雞蛋 … 1 個
- 牛奶 … 2/3 杯
- 酒 … 1 小匙
- 鹽 … 1/6 小匙

雞絞肉 … 80g
青蔥（蔥花）… 6cm 的分量
- 酒 … 1 大匙
A - 鹽 … 1/6 小匙
- 胡椒 … 少許

作法

1 雞絞肉、青蔥、材料 A 倒入調理盆中拌勻，再分成 2 等分後稍微揉圓，分別放入 2 個耐熱容器中。

2 調製蛋液。牛奶、酒、鹽倒入調理盆中，充分拌勻後加入鹽。接著將雞蛋打入另一個調理盆中打散，然後慢慢加入已調味好的牛奶攪拌，並以細網目的濾網過篩。

3 將作法 2 的蛋液平均注入作法 1 的耐熱容器中（a）。沉到底部的肉餡會在加熱後浮起。表面浮現泡沫時須用竹籤刺破。

4 將水倒入平底鍋中，達鍋沿一半高度，以稍強的中火加熱並煮滾。暫時熄火後將作法 3 擺入鍋中（b），蓋上鍋蓋時須將竹籤夾在鍋蓋與平底鍋之間。以中火蒸約 2 分鐘，再以小火繼續蒸約 12 分鐘（c）。

〔1 人份 160kcal　用時 30 分〕

※ 取出茶碗蒸時應打開鍋蓋使蒸氣散出，再將鍋鏟伸進容器下方，同時用隔熱手套扶著容器取出。須小心拿取，避免燙傷。

a

b

c

將容器直接放入熱水中。
在開火的狀態下
放入容器很容易燙傷，
請特別小心！

打開一點縫隙可適度排除蒸氣使溫度下降，
減少形成氣泡（孔洞）的可能性。

平底鍋
m e m o

請選擇耐熱且造型簡單的容器

放入平底鍋中蒸煮的容器務必使用耐熱材質，不可使用
不耐熱的玻璃製品或漆器。未上釉藥的陶器或是造型特
殊的容器，由於熱能不容易平均傳遞，並不適合用來烹
調茶碗蒸。另外容器下方的底座部分較高的容器不容易
加熱，使用時也須特別留意。建議使用類似蕎麥麵杯或
茶杯等造型簡單的瓷器。

＊最好使用造型簡單
的瓷器。

＊底座較高的容器、造型特
殊的容器都不適用。

平底鍋 memo

鋪上蔬菜就能簡單製作清蒸料理

將蔬菜鋪在平底鍋內，以少量水分及蔬菜水分蒸煮，就能完成好吃的清蒸料理。蔬菜除了使用高麗菜外，也能選擇鮮香菇、洋蔥、馬鈴薯等水分含量多的蔬菜。也建議大家使用鮭魚等整片魚肉，如此一來才能與蔬菜在差不多相同的時間內蒸熟。除了蔬菜之外，鋪上容易釋出水分的豆腐也是不錯的選擇。

香鮭蒸鮮蔬

先將鮭魚用味噌及醬油醃漬入味，再擺在高麗菜上蒸。
鮭魚在穩定加熱之下，完全不用擔心燒焦或魚肉散開的問題。

材料 （2 人份）
生鮭魚（整片魚肉）… 2 片（200g）
高麗菜 … 300g

A
- 味噌 … 2 大匙
- 味醂 … 1 大匙
- 酒 … 1 大匙
- 麻油 … 2/3 大匙
- 砂糖 … 1 小匙
- 生薑（磨成泥）… 1 小匙

酒 … 2 大匙

酒加水為 60ml。
水分太少高麗菜容易燒焦，
水分太多高麗菜則會變得軟爛。

a

作法

1 鮭魚以廚房紙巾擦乾水分。將材料 A 的味噌倒入調理盆中，再加入剩餘材料充分混合均勻，再放入鮭魚沾裹醃料使之入味。

2 高麗菜切成 4 ～ 5cm 的四方形，再放入平底鍋中鋪平，接著連同醃料將作法 1 的鮭魚擺在高麗菜上（a），然後將酒、2 大匙水以畫圓方式淋在高麗菜上（b）。

b

3 蓋上鍋蓋（c）以中火加熱，煮滾後轉成小火，蒸 10 ～ 12 分鐘。

〔1 人份 270kcal　用時 20 分〕

c

蓋上鍋蓋後開火將熱氣完全鎖在鍋中。
煮滾後一看到蒸氣出現就要轉成小火。

炸

風味炸雞

醬油風味的炸雞總是叫人百吃不膩。
翻面讓整塊雞肉受熱更平均，
只用少少的油也能炸得酥脆美味！

材料 （2～3 人份）

雞腿肉 … 2 片（600g）

A ┌ 酒 … 1 大匙
  ├ 醬油 … 1 大匙
  ├ 薑汁 … 1 小匙
  └ 鹽 … 1/4 小匙

太白粉 … 適量
沙拉油 … 適量
萵苣 … 3 片

作法

1 雞肉切除多餘脂肪（參閱 P.90），
並將 1 片雞肉切成 6 等分。將材料 A
倒入調理盆中混合均勻，再放入雞肉
用手按摩，並靜置約 30 分鐘使之入
味。接著用廚房紙巾將雞肉的水分擦
乾、撒上太白粉，然後輕輕拍打，只
要裹上薄薄一層太白粉即可。

2 將沙拉油倒入平底鍋中，達鍋沿一
半高度為止，再以中火加熱至 170℃
（見下方說明），接著將作法 1 的雞
肉分塊放入鍋中（a）。等雞肉全放
入鍋中後轉成稍弱的中火炸 6～7 分
鐘，但表面固定後需不時翻面（b）。

3 待油泡變少後將火轉大，炸約 30
秒鐘（c）。當所有的雞塊都變成金
黃色澤且外皮酥脆後取出，放在鋪有
廚房紙巾的方盤上瀝油。

4 盛盤，並搭配上切成小片方便食用
的萵苣。

〔1 人份 530kcal　用時 50 分〕

用手小心地將雞肉
一塊塊放入鍋中。
雞肉只要一放入鍋中，
即便油量少也會浮上來。

a

b

最後將油溫拉高，
即可炸出酥脆的雞塊。

c

平底鍋 memo

用調理筷確認炸油溫度

使用調理筷即可簡單確認油溫。請將調理筷的前端用水
沾濕，再以布巾擦乾水分後伸進油中，依此時冒出來的
油泡狀態判斷油溫。用水沾濕才會冒出油泡，不過調理
筷沾濕後沒有擦乾可能會讓油爆出，十分危險，所以特
別提醒大家記得擦乾水分。

＊調理筷的前端沾濕後需
擦乾水分再伸進油中。

＊中溫（約 170℃）會立刻冒
出細小油泡（如圖），這種
基本溫度適用於許多炸物。

炒

金平牛蒡絲

金平牛蒡絲可以品嚐到牛蒡的香氣及口感。
切成細絲後才容易煮熟，口感也會更好。

a

b

待平底鍋底部的
湯汁收乾後便完成了。

材料 （2人份）

牛蒡 … （大）1根（250g）
紅辣椒 … 1根
A ┌ 味醂 … 2大匙
  │ 砂糖 … 1小匙
  └ 醬油 … 2大匙
沙拉油 … 1大匙
白芝麻 … 1小匙

作法

1 牛蒡刮除外皮後洗淨，斜切成厚後2～3mm再切絲，接著泡水約3分鐘，再沖洗一下並瀝乾水分，然後將水分擦乾。紅辣椒去籽後切成5mm寬的片狀。

2 沙拉油倒入平底鍋中以中火燒熱，再倒入牛蒡絲拌炒（a）。待牛蒡變透明後加入紅辣椒，接著拌炒一下，再依序加入1/3杯水、材料A。

3 一邊攪拌一邊炒至湯汁收乾。最後撒上芝麻拌勻（b）。

〔1人份 190kcal　用時 15分〕

燙

涼拌小松菜

底部面積大的平底鍋煮滾速度快，短時間就能將食材燙熟。
切記要少量分批下鍋煮，不要一次放入所有食材。

熱水分量較少，
所以小松菜需分 2 次放入鍋中。
清燙時上下翻面使食材均勻受熱。

.材料. （2 人份）

小松菜 …（小）1 把（200g）
鹽 … 1/2 小匙
柴魚片 … 5g
醬油 … 1 ～ 2 小匙

.作法.

1 小松菜在根部劃入十字刀痕，泡水約 10 分鐘後將根部的泥土除去，再清洗一下並瀝乾水分。

2 將 5 ～ 6 杯熱水倒入平底鍋，煮滾後放鹽，再加入 1/2 分量的小松菜燙約 1 分鐘，待小松菜變軟後翻面（a）受熱，然後撈起放入冷水中冷卻（b），剩下的小松菜也依照相同作法燙熟後冷卻。

3 擠乾水分，切成 3 ～ 4cm 長後盛盤，並擺上柴魚片再淋上醬油。

〔1 人份 25kcal　用時 15 分〕

a

b

不可不知的平底鍋使用規定

規定 1

嚴禁空燒

使用表面加工過的平底鍋時,請大家留意空燒的問題。平底鍋內沒放任何食材便加熱的話,溫度會立刻升高,容易使表面加工材質受損。火焰超出鍋底的大火也容易造成平底鍋損傷,因此請多加注意。

*不可以
沒放任何食材
就加熱!

規定 2

不能使用金屬材質鍋鏟

用平底鍋做菜一定會用到刮刀或鍋鏟,但是表面加工的平底鍋不可以使用金屬製鍋鏟,請使用耐熱溫度高的矽膠製或木製鍋鏟。雖然某些平底鍋也能使用金屬鍋鏟,但是有銳角的鍋鏟容易使平底鍋受損,最好避免使用。夾子及調理筷也是一樣道理。

規定 3

使用柔軟的海綿清洗

在平底鍋剛煮完還熱熱的時候注入冷水的話,表面的加工材質容易損傷。應等平底鍋冷卻後,趁著髒汙還沒有卡住時用廚房紙巾擦乾淨,再用柔軟的海綿沾取中性清潔劑加以清洗。用海綿粗糙面用力刷洗,會損傷平底鍋,請特別留意。

規定 4

務必用布巾擦乾水分

平底鍋洗完後需用乾布巾將水分擦乾。唯有鐵製的平底鍋才能開火將水分燒乾,否則表面加工的平底鍋就會如同空燒一樣造成損傷,因此不可燒乾。

精選食材的
和食食譜
70道

還在煩惱今天要準備什麼嗎？
請依照你想吃的食材來挑選食譜吧！
用平底鍋任何菜餚都做得出來喔！
相信你一定能找到最適合端上餐桌的菜色。
先學會不同食材的烹調重點，
總有一天你也能成為和食高手。

煎出金黃色澤，煮至軟嫩口感，讓肉類料理多汁又美味。
本章節將為大家介紹眾多分量十足的和食，讓肉類的美味發揮至極限。

肉 食譜

肉

牛肉（牛排用）

和風嫩煎牛排 煎

切成大塊的牛排擺入瓷盤，
再搭配白蘿蔔泥與山葵醬油品嚐清爽好滋味。

材料 （2人份）

牛肉＊（牛排用）
　… （1.5cm厚）1片（300g）
鹽、胡椒 … 各少許
白蘿蔔（磨成泥）… 200g
鮮香菇 … 4朵
沙拉油 … 1小匙
山葵 … 少許
醬油 … 適量

＊比方像是沙朗牛肉，且最好選用霜降等級。
如果使用的是脂肪少的瘦肉部分，最好回溫
20～30分鐘，此外用稍弱的中火油煎表面
的時間需稍微拉長一些。

作法

1 牛肉在烹調前10分鐘從冰箱
取出回溫（參閱P.90）。香菇切
除根部較硬部位再縱切對半。白
蘿蔔泥稍微瀝乾水分。牛肉兩面
撒上少量鹽及胡椒。

2 沙拉油倒入鍋中以中火燒熱，
倒入牛肉、香菇後轉成稍強的中
火，並不時移動牛肉煎約1分鐘。
接著轉成稍弱的中火煎約30秒
後翻面（如圖），然後再次轉成
稍強的中火煎約1分鐘。

3 取出牛肉放在方盤上，香菇煎
至上色後翻面再煎熟。牛肉靜置
約5分鐘，等到肉汁不會溢出，
再分切成方便食用的大小。

4 將牛肉及香菇盛盤，並搭配白
蘿蔔泥、山葵、醬油。

〔1人份540kcal　用時20分（不
包含牛肉回溫時間、煎完後的靜
置時間）〕

等到煎至金黃色後
翻面1次即可。

26

壽喜燒

依序加入調味料，按照食譜簡單操作。
好吃的壽喜燒就能順利完成！

牛肉撒糖後再煎，可使甜味融入肉中，並釋放出香氣。

材料 （2～3人份）

牛肉（壽喜燒用）… 300g
蒟蒻絲 … 1袋（200g）
鹽 … 1小匙
青蔥 … 2～3根
鮮香菇 … 6朵
春菊 … （小）1把（150g）
烤豆腐 … 1塊（300g）
牛脂* … 適量
砂糖 … 1～2大匙

A
┌ 酒 … 4大匙
│ 味醂 … 4大匙
└ 醬油 … 3～4大匙

雞蛋 … 2～3個

*牛的脂肪。大多會附在壽喜燒的肉品當中。

作法

1 蒟蒻絲切成方便食用的長度，撒鹽搓揉一下，再用水沖洗並瀝乾。接著倒入鍋中，注入可淹過蒟蒻絲的水，開中火加熱。煮滾後轉小火燙約5分鐘瀝乾。青蔥斜切成2cm厚。香菇切除根部再於傘面劃入刀痕。春菊摘下葉片泡冷水約5分鐘後瀝乾。烤豆縱切對半，再從邊緣切成2cm寬。

2 將作法1的平底鍋快速洗淨後擦乾，倒入牛脂以中火加熱至融化。接著放入青蔥兩面煎至上色，熄火後取出。將鍋快速擦淨，然後再次以中火將牛脂燒熱，倒入牛肉煎散。待變色後撒上砂糖（如圖），使砂糖沾裹在牛肉上煎熟。

3 依序加入材料A，再倒入烤豆腐、蒟蒻絲、香菇，香菇變軟後加入作法2的青蔥、春菊煮一下。放入雞蛋打散，再沾著蛋液享用。湯汁煮乾時加入適量高湯（也可加入水或酒）即可。

〔1人份600kcal　用時20分〕

肉
牛肉
（壽喜燒用）

香煎串燒雞肉

洋蔥的甜味及口造就畫龍點睛的效果，
幫助你煎出如同專業居酒屋一般，汁多味美的雞腿肉。

有間隔的擺入鍋中
才容易煎熟。

肉

雞腿肉

材料（2 人份）
雞腿肉…（大）1 片（300g）
洋蔥…（大）1/2 個（120g）
沙拉油… 2/3 大匙
鹽…適量
檸檬（切成半月形）… 1/2 個

作法

1 雞肉去除多餘脂肪（參閱 P.90），再切成約 2cm 的塊狀。洋蔥切成 3 等分將纖維切斷，接著每 2 片剝開，並沿著纖維切成 2～2.5cm 寬。

2 將 1 塊雞肉與 1 塊洋蔥（2 片）交叉串在竹籤上。肉與洋蔥要稍微分開，以便容易煎熟。

3 沙拉油倒入平底鍋開中火燒熱，再將作法 2 一支支間隔擺入鍋中（如圖）。煎約 3 分鐘轉小火，接著繼續煎約 3 分鐘。

4 待上色後翻面，再次以中火煎 2～3 分鐘，接著轉小火煎 3～4 分鐘。熄火，兩面撒上少許的鹽，搭配上檸檬盛盤。

〔1 人份 360kcal 用時 15 分〕

醬燒燜雞 煮

醬燒燜雞是將雞肉先煎再煮,也稱作筑前煮。
又甜又辣風味十足,冷掉了也好吃,最適合用作宴客料理及便當菜。

材料（2～3人份）

雞腿肉 … 1 片（250g）
乾香菇 … 4 朵
蒟蒻 … 1/2 片（150g）
鹽 … 1 小匙
紅蘿蔔 … （小）1 根（120g）
牛蒡 … （小）1 根（80g）
生薑 … （小）1/2 小塊
沙拉油 … 1 大匙
酒 … 2 大匙
砂糖 … 1 ～ 1 又 1/2 大匙
醬油 … 2 大匙

作法

1 乾香菇用水沖洗一下,浸泡在大量水中,再放入冰箱冷藏 6 小時～一晚泡發。蒟蒻用湯匙撕成一口大小,撒鹽後用手搓揉,接著用水洗淨放入平底鍋中,再加入可淹過蒟蒻的水量以中火加熱,煮滾後用稍弱的中火燙約 5 分鐘後瀝乾水分。

2 雞肉去除多餘脂肪（參閱 P.90）,再切成 3 ～ 4cm 的塊狀。作法 1 的香菇稍微擠乾水分,去蒂後切成一半。紅蘿蔔切成 1cm 厚的圓片狀。牛蒡刮除外皮後洗淨,再斜切切 1cm 厚,泡水 3 ～ 5 分鐘後瀝乾。生薑切絲。

肉與蔬菜出現光澤後
再加入水熬煮。
善用雞肉的鮮甜味即可省略高湯。

3 將作法 1 的平底鍋快速洗淨後擦乾水分,並以中火將沙拉油燒熱,再將雞肉的雞皮朝下放入鍋中,兩面分別煎 2 分鐘左右。加入作法 2 的蔬菜、作法 1 的蒟蒻後拌炒一下,炒勻後加入酒、1/2 杯水（如圖）。

4 煮滾後加入砂糖拌勻,再蓋上鍋蓋以小火煮 6 ～ 8 分鐘。接著加入醬油,再蓋上鍋蓋煮 10 ～ 12 分鐘。若有殘留醬汁,則需打開鍋蓋以中火收乾。

〔1人份 260kcal　用時 45 分（不包含乾香菇泡發時間）〕

肉
雞
胸
肉

汆燙雞胸佐海帶芽

用辛香蔬菜壓過腥味，再蓋上鍋蓋直接放涼即可維持濕潤口感。
最後如同刺身一樣搭配調味料與醬油盡情享用。

材料 （2人份）

雞胸肉 …（大）1 片（300g）

A
┌ 酒 … 2 大匙
│ 鹽 … 少許
│ 青蔥（蔥綠部分）… 6 ～ 7cm
└ 薑皮 … 少許

海帶芽（鹽漬）… 30g
蘘荷 … 2 個
青紫蘇 … 4 片
生薑（磨成泥）… 適量
柚子胡椒 … 適量
醬油 … 適量

作法

1 雞肉在烹調前 30 分鐘左右從冰箱取出回溫（參閱 P.90），接著雞皮朝下放入較小的平底鍋中，再加入材料 A、1 杯水後蓋上鍋蓋以中火加熱（如圖），煮滾後以小火蒸煮 10 ～ 12 分鐘。熄火，並直接放著冷卻。

以少量水分蒸煮可減少
鮮味的流失。

2 海帶芽用水洗淨，泡在大量水中約 5 分鐘泡發，接著擠乾水分切成 3cm 長。蘘荷縱切成薄片，泡冷水約 3 分鐘後瀝乾。

3 取出作法 1 的雞肉，依個人喜好去皮後切成 4 ～ 5cm 厚。將作法 2、青紫蘇一起盛盤，再搭配上生薑、柚子胡椒、醬油，並依個人喜好沾取食用。

〔1 人份 170kcal 用時 45 分（不包含雞肉回溫時間）〕

紫蘇雞胸天婦羅 炸

將雞胸肉裹上青紫蘇的麵衣,炸成香氣四溢的天婦羅。
麵衣鎖住了肉的鮮甜及水分,使容易乾柴的雞胸肉也能多汁又美味。

材料 (2 人份)

雞胸肉 … 1 片(250g)

A ┌ 酒 … 1/2 大匙
  └ 鹽 … 1/4 小匙

麵衣
┌ 雞蛋 … 1 個
│ 鹽 … 1/4 小匙
│ 麵粉 … 1 杯
└ 青紫蘇 … 10 片

沙拉油 … 適量

★ 170℃的辨識方式:將用水沾濕再擦乾的調理筷伸進油鍋中會立刻出現細小油泡的狀態(參閱 P.21)。

作法

1 雞肉縱切對半,再片成 1 ～ 1.5cm 厚(如圖)。拌入材料 A,靜置 5 ～ 10 分鐘使之入味。

2 調製麵衣。青紫蘇切除葉梗後縱切對半再切絲。雞蛋打散,加 2/3 杯水再倒入調理盆中。接著加鹽拌勻,放入麵粉翻拌均勻後倒入青紫蘇。

雞肉片開來比較容易炸熟,且少油也可炸至酥脆。

3 將沙拉油倒入平底鍋中達 2cm 高,再加熱至 170℃左右★,接著將一片片雞肉裹上作法 2 的麵衣再下鍋油炸。放入 1/2 分量的雞肉後,一邊翻面一邊炸 2 ～ 3 鐘,取出後瀝乾油脂。剩下的雞肉也要依照相同作法炸熟。

〔1 人份 510kcal 用時 25 分〕

明太子雞里肌肉餅 　煎

口味清爽的雞里肌搭配明太子的鮮味與鹹味，再點綴上青紫蘇，
切口處不但色彩繽紛，更能成為餐桌上的亮點。

材料 （2 人份）

雞里肌 … （大）4 條（200g）
辣味明太子 … （大）1/2 付（50g）
青紫蘇 … 8 片
沙拉油 … 1 大匙

作法

1 在辣味明太子的外皮劃入刀
痕，取出內部魚卵。青紫蘇切除
葉梗。雞里肌如有帶筋須事先去
除，再縱向劃出刀痕，接著往左
右劃上刀痕片開（參閱 P.90）。

2 雞里肌縱向擺好，再分別擺上
2 片青紫蘇，並在較遠的一側分
別擺上 1/4 分量的明太子，接著

從靠近自己的一側往外對折（如
圖）。

3 沙拉油倒入鍋中以中火燒熱，
再將作法 2 擺入煎約 3 分鐘後翻
面，接著繼續煎 2 ～ 3 分鐘。最
後依個人喜好分切盛盤。

〔1 人份 190kcal　用時 15 分〕

雞里肌切成薄片才容易煎熟，
也容易夾入內餡。

檸檬風味烤雞翅 煎

雞翅煎至酥脆，再淋上大量檸檬汁營造清爽風味。
帶骨雞肉的好滋味輕鬆就能品嚐得到。

材料 （2人份）

雞翅 … 6 根（360g）
糯米椒 … 6 根
沙拉油 … 1/2 大匙
鹽 … 1/2 小匙
胡椒 … 少許
檸檬汁 … 1/4 個的分量
檸檬（切成半月形）… 1/4 個

作法

1 在雞翅肉多的部分兩面各劃出1 條刀痕（參閱 P.90）。糯米椒切除蒂頭的頂端，使長度一致。

2 沙拉油倒入平底鍋中以中火燒熱，再將雞翅外皮較厚的那面朝下擺入鍋中。用比平底鍋小一點的平面鍋蓋直接蓋上去，煎約 5 分鐘（如圖）。打開鍋蓋後翻面，然後再次蓋上鍋蓋煎約 5 分鐘。

3 加入糯米椒，以稍強的中火全部炒勻。待糯米椒變軟後撒上鹽、胡椒，接著取出糯米椒熄火，淋上檸檬汁後快速拌勻。將雞翅與糯米椒配上檸檬後盛盤。

〔1 人份 240kcal　用時 20 分〕

蓋上鍋蓋
使雞翅緊貼在平底鍋上
即可煎出酥脆外皮。

薑燒豬肉 煎

生薑風味又甜又辣，堪稱最佳下飯聖品。
最後一刻再加入生薑，才能使香氣完全發揮出來。

等到肉煎至上色後再加入醬汁，
接著一邊加熱一邊迅速裹上醬汁。

材料 （2人份）

豬里肌（薑燒豬肉用）
　…6～8片（250g）
高麗菜 … 1/8 個（150g）
番茄 … 1/2 個

A┌醬油 … 2 大匙
　├酒 … 2 大匙
　├味醂 … 1 大匙
　└砂糖 … 1/2 大匙

生薑（磨成泥）… 1 小匙
太白粉 … 適量
沙拉油 … 適量

肉
豬里肌

作法

1 高麗菜切絲，泡在冷水裡備用增添爽脆度，接著放上濾網瀝乾。番茄去蒂、切成 1cm 厚半月形。豬肉在瘦肉及脂肪間用菜刀刺 4～5 刀斷筋（參閱 P.90），並於兩面撒上一層薄太白粉，接著用手輕輕按壓使太白粉與豬肉結合。材料 A 拌勻備用。

2 1/2 大匙沙拉油倒入鍋中以中火燒熱，再將 3～4 片作法 1 的豬肉擺入，接著不時移動，同時將兩面煎至上色。取出後再將 1/2 大匙沙拉油燒熱，剩餘的豬肉也照同作法煎熟。

3 將取出的豬肉倒回鍋中後熄火，再以畫圓方式倒入事先拌勻的材料 A（如圖），並加入生薑。開小火一邊煮滾一邊使豬肉沾裹上醬汁。盛盤，並搭配上高麗菜、番茄。

〔1 人份 460kcal　用時 20 分〕

滷豬肉

煮

表面煎至金黃色澤，連同油脂直接原鍋燉煮。
少量滷汁也能充分入味，燉煮出軟嫩口感。

材料（容易製作／4 人份）

豬肩里肌（塊）*⋯約 500g
沙拉油⋯1/2 大匙
青蔥（蔥綠部分）⋯5～6cm
薑皮⋯1 小塊的分量
酒⋯3 大匙
砂糖⋯2 大匙
醬油⋯3 大匙
細蔥（切成蔥花）⋯3 根的分量
白芝麻⋯1/2 大匙

＊烤豬肉用的長條肉塊。

作法

1 豬肉在烹調前 30 分～1 小時
從冰箱取出回溫（參閱 P.90）。
沙拉油倒入鍋中燒熱再放入豬肉
以稍強的中火油煎。待上色後翻
面，並在表面全部煎熟後熄火。

2 倒入酒、1 杯水後再次以稍強
的中火加熱，煮滾後加入青蔥、
薑皮，接著蓋上鍋蓋轉成小火汆
燙約 20 分鐘（如圖），過程中
翻面 2～3 次。

**蓋上鍋蓋將熱氣鎖在鍋內，
並不時翻面使豬肉平均受熱。**

3 加入砂糖、醬油，輕輕攪拌均
勻，接著蓋上鍋蓋煮 20 分鐘左
右，期間翻面 2～3 次。熄火，
並直接放著冷卻。

4 食用時再次以中火加熱至溫
燙。取出後切成方便食用的厚度
後盛盤，再撒上細蔥、白芝麻，
並淋上平底鍋內殘留的滷汁。

〔1 人份 360kcal 用時 50 分（不
包含豬肉回溫時間、滷豬肉冷卻
時間）〕

肉

豬肩里肌

薑燒肉捲 煎

用豬肉包起薑絲的變化款薑燒豬肉料理。
清爽的生薑風味無所不在。

材料 （2 人份）

豬腿肉（切成薄片）… 8 片（200g）
生薑 … 50g
高麗菜 … 1/8 個（150g）

A ┌ 醬油 … 2 大匙
  │ 酒 … 2 大匙
  │ 味醂 … 2 大匙
  └ 砂糖 … 1/2 大匙
太白粉 … 適量
沙拉油 … 1/2 大匙

肉
豬腿肉

作法

1 高麗菜切成方便食用的大小。
生薑切絲。材料 A 拌勻備用。

2 將 2 片豬肉略重疊後縱向排列
在砧板上，撒上少許太白粉，再
撒上 1/4 的生薑，然後從靠近自
己的這一側捲起（如圖）。剩餘
的豬肉也以同作法捲起，並在表
面撒上少許太白粉。

2 片排成 1 組，
將薑絲包在裡面捲起來，
增加風味及分量。

3 沙拉油倒入平底鍋中以中火燒
熱，再將作法 2 的肉捲末端朝下
擺入鍋中。接著一邊翻動一邊將
整個肉捲煎至上色，然後蓋上鍋
蓋以小火蒸烤約 5 分鐘。

4 暫時熄火，加入事先拌勻的
材料 A。接著再次以小火加熱，
然後一邊晃動平底鍋一邊將醬汁
沾裹上去。取出肉捲斜切對半後
盛盤，再淋上平底鍋中多餘的醬
汁，並配上高麗菜。

〔1 人份 310kcal　用時 20 分〕

清蒸甜蔬豬肉片 蒸

擺在上頭的豬肉釋放出鮮甜味後將融入蔬菜裡，使美味度倍增。
最後佐以柚子醋品嚐清爽好滋味。

材料 （2人份）
豬腿肉（切成薄片）… 150g
蕪菁 … 2個
紅蘿蔔 …（小）1根（150g）
青花菜 … 1/2顆（150g）
酒 … 2大匙
柚子醋醬油 … 適量

作法

1 蕪菁保留 3～4cm 的莖部後將葉片切除，去皮後再縱切成 4 等分月牙形。接著泡水 5～10 分鐘除去泥土再瀝乾。紅蘿蔔以削皮刀去皮，接著直接削成薄片。青花菜分切成小株。

2 將作法 1 的蔬菜擺入平底鍋中，上頭再整面鋪上豬肉。

水從平底鍋的邊緣注入後會形成蒸氣，將肉及蔬菜蒸熟。

3 將酒淋在肉的上頭，接著注入 1/2 杯水（如圖）。然後蓋上鍋蓋以中火加熱，煮滾後轉成小火，蒸 7～8 分鐘。盛盤，並搭配上柚子醋醬油。

〔1 人份 220kcal 用時 20 分〕

肉 豬腿肉

串燒豬肉 煎

使用厚一點的燒肉用豬五花。
五花肉釋出油脂後即可煎至酥脆，與芥末醬的辣味十分對味。

材料 （2 人份）

豬五花（燒肉用）* … 12 片（200g）
沙拉油 … 少許
鹽 … 適量
芥末醬 … 適量

* 肉塊可切成 7～8mm 厚。

作法

1 豬肉分好，每 3 片串在竹籤上（如圖）。

2 平底鍋塗上沙拉油後以中火燒熱，再將作法 1 有間隔的擺入鍋中。待油脂溶出後以廚房紙巾一邊擦拭一邊煎 2～3 分鐘。翻面後依照相同作法煎熟。

3 撒上少許鹽，翻面後一樣撒上鹽。盛盤，並搭配上芥末醬。

〔1 人份 350kcal 用時 10 分〕

肉塊以橫向的方式從較厚的中央部位串在竹籤上。

芝麻風味豬肉煎餅 煎

將豬肉塊疊起來增加分量感。
充分醃漬入味後撒上芝麻,即可煎出風味十足的肉餅。單用 1 種芝麻也很美味。

材料 (2人份)

豬肉碎塊 … 200g

A
- 醬油 … 1 大匙
- 麻油 … 2/3 大匙
- 酒 … 1/2 大匙
- 生薑(磨成泥) … 1/2 小匙
- 蒜頭(磨成泥) … 少許
- 胡椒 … 少許

白芝麻 … 1 大匙
黑芝麻 … 1 大匙
沙拉油 … 適量

作法

1 材料 A 倒入調理盆中混合均勻,再加入豬肉攪拌。接著分成 6 等分擺上砧板,用手按壓成直徑 5 ～ 6cm 的肉餅(如圖)。

肉塊分成一小堆一小堆後再用手壓平。

2 將 2 種芝麻混合均勻備用。把 1/2 的芝麻平均撒在作法 1 的豬肉單面上,用手輕輕按壓。

3 在平底鍋內塗上薄薄一層沙拉油後以中火燒熱,再將作法 2 有芝麻的那一面朝下,並保持間隔擺入鍋中。接著將剩餘的芝麻均勻撒上肉餅,同時用鍋鏟按壓約 2 分鐘,鍋鏟拿開後再以小火煎 2 ～ 3 分鐘。翻面後依照相同作法進行即可。

〔1人份 390kcal 用時 15 分〕

雞肉燥蓋飯 煮

將粒粒入味的美味肉燥擺在白飯上。
保留肉汁拌飯來吃,保證一口接一口停不下來。

材料 (2～3 人份)

雞絞肉 … 300g

A
醬油 … 3～4 大匙
酒 … 2 大匙
味醂 … 2 大匙
砂糖 … 2 大匙
生薑(磨成泥)… 1 小匙

白飯(溫熱狀態)… 約 400g
細蔥(切成蔥花)… 4 根
紅薑(市售/切絲)… 適量

作法

1 絞肉、材料 A 倒入小一點的平底鍋中,握住 4 根調理筷充分攪拌均勻(如圖)。

開火前先讓絞肉與
調味料融合在一起。
用 4 根調理筷可迅速拌
開來混合均勻。

2 加入 1/2 杯水充分拌勻,並以中火加熱。接著用 4 根調理筷不斷地攪拌所有食材,同時將絞肉煮成白白的肉燥狀態為止。然後蓋上鍋蓋以小火煮約 10 分鐘。

3 盛一碗白飯,再擺上作法 2 的雞肉燥,接著放上細蔥、紅薑。

〔1 人份 450kcal 用時 35 分〕

日式酸菜炒豬絞肉 炒

豬絞肉與醃芥菜的鮮甜味會令人不由自主地多吃好幾碗飯。
切成小丁的竹筍口感更叫人難以抵擋。

材料 （2 人份）

豬絞肉 … 200g
醃芥菜 … 80g
水煮竹筍 … 100g
青蔥（切末）… 2 大匙
沙拉油 … 1 大匙
A ⌈ 酒 … 1 大匙
　 ⌊ 醬油 … 1 小匙
白芝麻 … 1 小匙

作法

1 竹筍切成 8mm 的小丁。醃芥菜切成 1cm 寬，葉片部分切成 1cm 的四方形。

2 沙拉油倒入平底鍋中以中火燒熱，再倒入絞肉炒至鬆散為止（如圖）。

3 加入青蔥、竹筍後炒約 1 分鐘，接著加入醃芥菜快速炒一下。然後加入材料 A 炒勻，並撒上芝麻拌勻。

〔1 人份 320kcal　用時 15 分〕

以木製鍋鏟按壓，
將肉塊壓散同時煎熟，
以釋放出香氣。

鹽燒、紅燒⋯⋯，海鮮類的料理方式總是只能想到這幾種。
大家不妨參考一下作法簡單的平底鍋食譜，讓海鮮料理充滿更多變化吧！

魚
蛤蜊

酒蒸蛤蜊 ⬚蒸

用少量水分清蒸，將蛤蜊的鮮醇味完全保留下來，使料理風味更加濃厚。
蛤蜊打開後需立即熄火，蛤蜊才會顆顆飽滿。

材料 （2人份）

蛤蜊（帶殼）⋯ 400 ~ 500g
細蔥 ⋯ 2 根
鹽 ⋯ 適量
酒 ⋯ 2 大匙

作法

1 蛤蜊泡在海水濃度的鹽水裡
1 ~ 2 小時吐沙，再用蛤蜊互相
摩擦外殼清洗乾淨（參閱 P.90），
並將水分瀝乾。細蔥切成蔥花。

2 蛤蜊倒入平底鍋中，再撒上酒
（如圖），接著蓋上鍋蓋以中火
加熱，煮滾後轉成小火，蒸 2 ~
3 分鐘直到蛤蜊全部打開為止。
盛盤，並撒上細蔥。

用酒抑制蛤蜊的腥味，
並增加香氣及鮮甜味。

〔1 人份 30kcal　用時 10 分（不
包含蛤蜊吐沙的時間）〕

煎竹筴魚餅 煎

竹筴魚餅是將新鮮的竹筴魚剁碎後煎製而成，為千葉縣的鄉土料理。
用平底鍋煎至金黃色澤後，可以更加凸顯味噌的風味。

材料（2 人份）
竹筴魚（生魚片用）＊
　…6 片（3 尾／180g）
青蔥 … 5cm
生薑（磨成泥）… 1 小匙
味噌 … 1 又 1/2 大匙
沙拉油 … 1/2 大匙
＊片成三片後去骨去皮的整片魚肉。

作法

1　青蔥縱切成 4 等分，再從邊緣
切成薄片。竹筴魚以廚房紙巾擦
乾水分，先切成 1cm 寬，接著
用菜刀大略剁碎，然後放青蔥、
生薑、味噌繼續剁碎；不時用菜
刀上下翻面，將全部食材混合均
勻。

2　將作法 1 分成 6 等分，並捏成
7～8mm 厚的圓餅狀。

3　沙拉油倒入平底鍋以中火燒
熱，再將作法 2 擺入鍋中。煎
約 1 分鐘後轉成小火，接著繼續
煎約 2 分鐘。待上色後翻面（如
圖），再煎約 3 分鐘。

上色後就該翻面了。
請用鍋鏟翻面避免魚肉餅碎掉。

〔1 人份 170kcal　用時 15 分〕

魚
青花魚

43

炸竹筴魚　炸

使用生魚片用的竹筴魚即可三兩下完成食材的事前處理。
沒有魚刺，可方便食用，再加上少了魚皮更能品嚐到爽口的好滋味。

材料　（2～3人份）

竹筴魚（生魚片用）*
　　…6片（3尾／180g）
高麗菜…1/6個（200g）
番茄…（小）1個
鹽、胡椒…各少許
麵粉、蛋液、麵包粉…各適量
沙拉油…適量
伍斯特醬（依個人喜好）…適量

＊片成三片後去骨去皮的整片魚肉。

★ 170℃的辨識方式：將用水沾濕再擦乾
的調理筷伸進油鍋中會立刻出現細小油
泡的狀態（參閱 P.21）。

作法

1 高麗菜切絲、泡冷水增加爽脆
度，使用前將水分瀝乾。番茄縱
切對半後去蒂，再切成 6 等分的
半月形。

2 竹筴魚以廚房紙巾擦乾水分，
接著兩面撒上鹽及胡椒，然後沾
上薄薄一層麵粉，再裹上蛋液，
並撒上麵包粉。

3 將沙拉油倒入平底鍋中達 2cm
高，再以中火加熱至 170℃ *左
右，接著放入 3 片作法 2（如圖）。
油炸約 2 分鐘後翻面，接著再炸
約 1 分鐘，炸至酥脆後取出瀝油。
殘留在炸油中的麵包粉用撈匙撈
除，剩下的竹筴魚再以相同作法
炸熟。

4 將作法 1、作法 3 盛盤，並依
個人喜好淋上伍斯特醬。

〔1 人份 260kcal　用時 20 分〕

用手抓著尾部慢慢地放入鍋中。
使用調理筷容易滑落，
需特別留意。

鹽香花枝

透過鹽、胡椒及檸檬的風味,呈現出花枝單純的鮮美滋味。
除了檸檬之外,以醋橘或柚子取代也很美味。

材料 (2人份)

花枝…(小)2尾(400g)*
沙拉油…2大匙
鹽…1/4 ~ 1/3 小匙
胡椒…少許
檸檬(切成半月形)…2片

＊已去除內臟,淨重300g。

作法

1 花枝連同內臟將腳拔下來並去除軟骨,並用水洗淨。身體部位切成 1.5 ~ 2cm 的圓圈狀,腳的部位切除大吸盤及前端 1 ~ 2cm,再每 2 根腳分別切開(參閱 P.91)。

2 沙拉油倒入平底鍋以中火燒熱,花枝入鍋轉為稍強的中火炒約 1 分鐘(如圖)。待花枝變色後撒上鹽及胡椒。搭配切片檸檬裝盤。

〔1 人份 240kcal 用時 15 分〕

以稍強的火力快速拌炒
可保留口感,
注意變色後立即調味!

蒲燒沙丁魚 煎

沙丁魚撒上太白粉煎熟後，再充分吸裹甜甜辣辣的醬汁。
如能使用事前處理好的沙丁魚，操作起來會更加簡便。

材料 （2人份）

沙丁魚 … 4尾（400g）
太白粉 … 適量

A
┌ 酒 … 2大匙
│ 味醂 … 2大匙
│ 醬油 … 2大匙
│ 砂糖 … 1/2大匙
└ 生薑（磨成泥）… 1小匙

沙拉油 … 1大匙
蘿蔔嬰 … 適量
七味唐辛子 … 少許

作法

1 沙丁魚去鱗後將頭部切除，再去除內臟並洗淨、擦乾水分。用手片開魚肉後去除中骨及腹骨（參閱P.91），接著兩面撒上少許太白粉再輕輕拍打僅留薄薄一層太白粉即可。材料A事先均勻混合備用。

2 沙拉油倒入平底鍋中以中火燒熱，再將沙丁魚的魚肉部分朝下擺入鍋中（如圖）。煎2～3分鐘，待上色後以鍋鏟及調理筷翻面，接著繼續煎2～3分鐘。

3 將溶出的油脂以廚房紙巾擦掉，熄火後以畫圓方式淋上事先混合均勻的材料A。接著以小火加熱，再用湯匙將湯汁舀起來淋上去，使所有食材都能入味。

4 將沙丁魚盛盤，並淋上殘留在平底鍋中的醬汁。搭配切除根部的蘿蔔嬰，並撒上七味唐辛子。

〔1人份 330kcal　用時15分〕

先煎魚肉的部分，
這樣成品才會好看。

梅干沙丁魚 煮

加入梅干一起煮可避免沙丁魚出現腥味，讓風味更清爽。
再將生薑切得粗一些，使口感豐富。

梅干事先壓碎，味道才容易釋放。
種籽也一併加入鍋中
一點都不會浪費。

材料（2～3人份）

沙丁魚 … 6尾（600g）
梅干 … 3個（50g）
生薑 … （大）1小塊

A ┌ 酒 … 1/2 杯
  ├ 味醂 … 3 大匙
  └ 醬油 … 2 大匙

作法

1 沙丁魚去鱗後切除頭部，再去
除內臟後用水洗淨並擦乾（參閱
P.91），接著切成一半長度。

2 用手將梅干的籽取出，果肉輕
輕壓碎。籽在之後也會用到，所
以先留著備用。生薑充分洗淨後
去皮，再切成 5mm 寬的細絲。
薑皮留著備用。

3 將沙丁魚放進小一點的平底鍋
中，再倒入生薑、薑皮、梅干、

梅干籽、1/2 杯水、材料 A 以中
火加熱（如圖）。煮滾後轉成小
火再蓋上鍋蓋，不時淋上滷汁同
時煮約 30 分鐘。除去薑皮、梅
干籽後盛盤。

〔1 人份 330kcal　用時 50 分〕

魚
沙丁魚

照燒旗魚 煎

味道清淡的旗魚最適合搭配生薑，烹調成甜甜辣辣的滋味。
作為配菜的蘆筍也能同鍋煎熟。

材料 （2人份）

旗魚（整片魚肉）
　　… 2片（160～180g）
綠蘆筍 … 4根（120g）
太白粉 … 適量
A ┌ 酒 … 2大匙
　├ 味醂 … 2大匙
　├ 砂糖 … 1小匙
　├ 薑汁 … 1小匙
　└ 沙拉油 … 1大匙

作法

1　蘆筍稍微切除根部後將下半部的外皮削掉，再切成 3～4 等分。旗魚兩面撒上太白粉，再輕輕拍打僅留薄薄一層太白粉即可。材料 A 混合均勻備用。

2　沙拉油倒入平底鍋中以中火燒熱，再倒入作法 1 的旗魚及蘆筍。煎約 2 分鐘後翻面，然後蓋上鍋蓋（如圖）以小火蒸烤約 1 分鐘。

3　熄火後取出蘆筍，加入事先混合均勻的材料 A，以小火加熱，然後一邊晃動平底鍋一邊沾裹上醬汁。盛盤，並搭配上蘆筍。

〔1人份 230kcal　用時 10 分〕

以中火煎至上色後
再以小火蒸烤，
接著加熱至熟透為止。

豆腐蒸鮭魚 蒸

將鮭魚擺在豆腐上蒸，藉由穩定加熱蒸煮出軟嫩口感。
鮭魚切成一半厚度，則可加快蒸熟的速度。

材料 （2 人份）

生鮭魚（整片）… 2 片（200g）

A ┌ 酒 … 1 大匙
　└ 鹽 … 少許

板豆腐 … 1 塊（300g）

生薑 … 1/2 小塊

青蔥 … 8cm

太白粉 … 少許

酒 … 2 大匙

柚子醋醬油 … 適量

作法

1 鮭魚用廚房紙巾擦乾水分，切成一半長度後再切成一半厚度，接著撒上材料 A 醃漬入味。豆腐切成一半長度，然後再切成一半厚度。生薑切絲。青蔥縱切對半，然後斜切成絲。

2 豆腐擦乾水分並撒上太白粉，接著分別疊上 2 片鮭魚，最上頭放生薑，接著用鍋鏟擺入鍋中（如圖）。

3 鮭魚淋上酒，並在鍋中空出來的地方加入 2 大匙水後蓋上鍋蓋，以中火加熱。煮滾後轉成小火，蒸約 10 分鐘。盛盤後擺上青蔥，並搭配上柚子醋醬油。

〔1 人份 260kcal 用時 20 分〕

用鍋鏟小心將豆腐擺入鍋中，
以免豆腐碎掉。

青花魚味噌煮

想要凸顯青花魚的風味，切記應煮熟後再加味噌。
燉煮時避免上下翻面，才能維持魚皮的美麗外觀。

.:.材料.:.（2 人份）

青花魚（整片）* … 2 片（200g）
珠蔥 … 100g
生薑（切成薄片）… 3 片

A
┌ 酒 … 2 大匙
│ 味醂 … 2 大匙
└ 砂糖 … 1/2 大匙

味噌 … 2 大匙

* 片成三片後的 1/2 尾整片魚肉（半尾）
再切成一半的魚肉片。

.:.作法.:.

1 青花魚用廚房紙巾擦乾水分，
於魚皮上劃入 × 模樣的刀痕（參
閱 P.90）。珠蔥切成 4cm 長，生
薑切絲。

2 1/2 ～ 2/3 杯水倒入平底鍋中
以中火加熱，煮滾後加入材料A、
生薑後拌勻。將青花魚的魚皮朝
上各別擺入鍋中，再用湯匙淋上
滷汁（如圖）。待表面變色後蓋
上鍋蓋轉成小火，
煮 8 ～ 10 分鐘。

3 味噌倒入小容器中，再加入少
量滷汁溶解，接著倒入平底鍋中
加熱。然後用湯匙淋上滷汁，並
將珠蔥放入青花魚的周圍，再蓋
上鍋蓋繼續煮約 3 分鐘。

〔1 人份 280kcal　用時 20 分〕

淋上滷汁使魚皮
表面也能受熱。
避免翻面以免魚肉
散開。

龍田風炸青花魚 炸

龍田風炸物是先用醬油充分醃漬入味再下鍋油炸而成。
冷掉了也很好吃，推薦作為便當菜使用。

油泡變少後將食材撈起時
感覺重量變輕即可。

材料（2 人份）

青花魚（整片）＊… 2 片（200g）

A ┌ 醬油 … 1 大匙
  │ 酒 … 1/2 大匙
  └ 薑汁 … 1 小匙

太白粉 … 適量

沙拉油 … 適量

醋橘 … 1 個

＊片成三片後的 1/2 尾整片魚肉（半尾）
再切成一半的魚肉片。

★ 170℃的辨識方式：將用水沾濕再擦乾
的調理筷伸進油鍋中會立刻出現細小油
泡的狀態（參閱 P.21）。

作法

1 青花魚用廚房紙巾擦乾水分，
每隔 1cm 劃 1 條刀痕，劃入 2 條
刀痕後再片成 3cm 寬的魚肉片
（參閱 P.90）。材料 A 倒入調理
盆中混合均勻，再放入青花魚用
手沾裹上醃料，接著靜置 10 ～
20 分鐘使之入味。

2 將作法 1 的魚用廚房紙巾包起
來將水分充分擦乾，接著撒上太
白粉，再輕輕拍打僅留薄薄一層
太白粉即可。

3 將沙拉油倒入平底鍋中達一
半高度為止，再以中火加熱至
170℃＊左右。接著用手分別將
一塊塊作法 2 的魚小心地放入鍋
中，不時翻面炸 2 ～ 3 分鐘（如
圖）。

4 取出放在鋪有吸油紙巾的方
盤上，再搭配橫切對半的醋橘盛
盤。

〔1 人份 300kcal　用時 35 分〕

51

珠蔥滷鰆魚 ⬛⬛ 煮

鰆魚煮至軟嫩後吸飽滷汁大口享用。
大量珠蔥與又甜又辣的滷汁交織融合，美味無比。

魚

鰆魚

材料（2人份）

鰆魚（整片）
　…2片（180～200g）
珠蔥…1把（150g）
生薑（切絲）
　…（小）1/2 小塊的分量

A
┌ 酒…2 大匙
├ 味醂…2 大匙
├ 醬油…2 大匙
└ 砂糖…2 小匙

作法

1 鰆魚用廚房紙巾擦乾後切半。珠蔥切成 3～4cm 長。

2 1/2 杯水倒入平底鍋以中火加熱，煮滾後加入材料 A、生薑後拌勻。第二次煮滾後鰆魚入鍋（如圖），然後用湯匙淋上滷汁，待表面變色後蓋上鍋蓋以小火煮約 10 分鐘。

3 將鰆魚往鍋邊靠，再倒入珠蔥並沾裹上滷汁，煮約 3 分鐘直到軟爛為止。將鰆魚搭配珠蔥盛盤，再淋剩餘的滷汁。

〔1 人份 260kcal　用時 20 分〕

滷汁的材料需在一開始便全部倒進鍋中。
煮滾後再加入鰆魚，
這樣才不容易有腥味。

油煎味噌鰆魚 煎

用酒及味醂稀釋味噌，再加入生薑醃漬成風味美妙的味噌鰆魚。
透過保鮮膜包起來醃漬入味，以節省調味料的用量。

鰆魚放入鍋中後以中火加熱，
然後在溫度拉高後改用小火蒸烤，
才不容易燒焦。

材料 （2 人份）

鰆魚（整片）
　…2 片（180 ～ 200g）
味噌醃料
- 味噌 … 3 大匙
- 味醂 … 1/2 大匙
- 酒 … 1 小匙
- 麻油 … 1 小匙
- 生薑（磨成泥）… 1/4 小匙
- 胡椒 … 少許
沙拉油 … 少許
番茄 …（小）1 個

作法

1 鰆魚用廚房紙巾擦乾後切半長。味噌醃料的材料混合均勻。攤開保鮮膜，將 1/2 的味噌醃料薄薄地塗在中央，擺上鰆魚後再塗上剩餘的醃料，並用保鮮膜包起放入方盤裡，放置冰箱醃漬 2 小時以上（也可直接放在冰箱保存 2 天）。

2 鰆魚在烹調前從冰箱取出回溫 30 分鐘以上的時間，再以刀子等工具將味噌醃料刮除。在平底鍋內塗上薄薄一層沙拉油，並將鰆魚擺入鍋中，然後以中火加熱，煎 30 秒～ 1 分鐘，待出現喊哩喊哩的聲響後轉成小火。接著蓋上鍋蓋煎約 5 分鐘（如圖）。

3 待上色後翻面，接著再次蓋上鍋蓋煎約 5 分鐘。打開鍋蓋轉成中火，並將魚皮朝下煎約 1 分鐘，使魚皮呈現金黃色澤。

4 番茄去蒂後切成月牙形。將作法 3 盛盤，並搭配上番茄。

〔1 人份 220kcal　用時 15 分（不包含醃漬鰆魚及回溫的時間）〕

魚
鰆
魚

53

油煎梅干紫蘇鯛魚 煎

依序沾裹上梅肉、青紫蘇後下鍋油煎，品嚐清爽的鯛魚風味。
最適合用作宴客菜或便當菜。

起初用中火，
接著改用小火慢慢加熱，
以免青紫蘇燒焦。

魚
鯛
魚

材料（2 人份）

鯛魚（整片）
　…2 片（180～200g）
青紫蘇…10 片
梅干…（大）1 個
酒…2/3 大匙
沙拉油…1/2 大匙

作法

1 鯛魚用紙巾擦乾，去除魚骨切半。青紫蘇切除葉梗，再縱切對半後切絲。梅干去籽剁碎。

2 將梅肉倒入調理盆中，再加入酒混合。接著加入鯛魚，然後一邊翻面一邊沾裹醃料。最後加入青紫蘇撒在表面。

3 沙拉油倒入平底鍋中以中火燒熱，再將作法 2 擺入鍋中，煎約 1 分鐘。接著轉成小火煎約 3 分鐘後翻面（如圖），然後再煎 4～5 分鐘。

〔1 人份 150kcal　用時 15 分〕

魚
鯛魚

青蔥蒸鯛魚 蒸

少量材料即可輕鬆完成這道簡易的清蒸料理。
擺上大量青蔥可以增加香氣，還能避免鯛魚乾柴維持軟嫩口感。

材料（2人份）

鯛魚（整片）
　…2片（180～200g）

A ┌ 鹽…1/4小匙
　└ 酒…1大匙

青蔥…4根（80g）

生薑…1/2小塊

酒…4大匙

作法

1 鯛魚用廚房紙巾擦乾水分，再於魚皮上縱向劃入4～5條刀痕。依序撒上材料 A 沾裹在鯛魚上，再靜置5～8分鐘。青蔥斜切成薄片，生薑切絲，然後將青蔥與生薑混合均勻。

2 作法1的鯛魚用廚房紙巾擦乾水分，並將魚皮朝上擺入平底鍋中。接著將混合均勻的青蔥及生薑平均地擺在鯛魚上（如圖）。

撒上去的酒在蒸發後可將鯛魚蒸熟，增添風味。

3 撒上酒（如圖），再蓋上鍋蓋以中火加熱，煮滾後以小火蒸7～8分鐘。

〔1人份 150kcal　用時 20分〕

章魚燒 煎

就算沒有章魚燒模具，也能大啖章魚燒的好滋味。
外型雖然有些走樣，但是味道卻很實在。配料部分請依個人喜好自行搭配。

魚
章魚

材料 （2人份）

水煮章魚腳 … 150g
青蔥 … 15cm
紅薑（市售／切絲） … 15g
麵糊
- 雞蛋 … 1 個
- 水 … 1/3 杯
- 醬油 … 1 小匙
- 鹽 … 1/2 小匙
- 麵粉 … 1 杯
炸麵衣屑 … 3 大匙（10g）
沙拉油 … 1 大匙
伍斯特醬、美乃滋、柴魚片
　　… 各適量

作法

1 章魚切成 8mm 的小丁。青蔥切成 2～3mm 的蔥花。紅薑切成 1cm 長。

2 雞蛋打入調理盆中打散，再加入 1/3 杯水後用打蛋器拌勻。接著混入醬油、鹽，再加入麵粉繼續攪拌。等到看不見粉類後加入作法 1、炸麵衣屑拌勻。

3 沙拉油倒入平底鍋中以中火燒熱，用湯匙分別舀取 1/8 分量的作法 2 倒入平底鍋中（如圖）。蓋上鍋蓋，轉成稍弱的中火煎約 3 分鐘。接著用鍋鏟小心地翻面，然後再蓋上鍋蓋煎約 3 分鐘。

4 盛盤，並依個人喜好撒上伍斯特醬、美乃滋、柴魚片。

〔1 人份 450kcal　用時 20 分〕

保持間隔以便煎熟，
並將麵糊堆高煎出章魚燒的樣子。

白蘿蔔滷鰤魚 煮

鰤魚與白蘿蔔十分對味。將白蘿蔔切得極薄，以便短時間煮熟。
切記按鰤魚及白蘿蔔的味道改變滷汁的濃度。

材料 （2 人份）

鰤魚（整片）… 2 片（200g）
白蘿蔔 … 約 12cm（400g）
生薑 …（小）1/2 小塊

A
┌ 水 … 3 大匙
│ 醬油 … 2 又 1/2 大匙
│ 酒 … 2 大匙
│ 味醂 … 2 大匙
└ 砂糖 … 1 大匙

高湯（參閱 P.6）… 1 杯

作法

1 鰤魚用紙巾擦乾，每 1 片再切成 3 等分。白蘿蔔用削皮刀去皮，接著縱向削成薄片。生薑切絲。

2 材料 A、生薑倒入平底鍋中以中火加熱，煮滾後將鰤魚倒入鍋中。接著用湯匙舀起滷汁淋在鰤魚上，待表面變色後蓋上鍋蓋，再以小火煮約 10 分鐘。

3 將鰤魚往鍋邊靠，注入高湯。接著以中火煮滾，然後在鍋中放入白蘿蔔（如圖），再拌勻使之吸附滷汁，煮至軟爛。

魚
鰤
魚

切成薄片的白蘿蔔
容易入味，
所以滷汁需用高湯
稍微稀釋調整成
適當的濃度。

〔1 人份 360kcal　用時 25 分〕

干貝磯邊燒 ⋯⋯ 煎

在海苔香及醬油香之後，
緊接著干貝的鮮甜味會在口中瀰漫開來，最適合用作下酒菜。

干貝應趁熱撒上揉碎的海苔，
這樣才能緊密貴合。

材料 （2 人份）

干貝（生魚片用）
　　…（大）6 個（200g）
A ⎡ 酒 … 1/2 大匙
　 ⎣ 醬油 … 2 小匙
烤海苔（整片）… 1 片
沙拉油 … 1 大匙

魚
干
貝

作法

1 干貝用廚房紙巾擦乾水分。材料 A 倒入調理盆中混合均勻，再倒入干貝沾裹上醃料，靜置約 10 分鐘使之入味。

2 海苔折成 4 等分後放入乾燥的塑膠袋中，再從袋子上方揉碎後攤開在方盤中備用。

3 用廚房紙巾擦乾作法 1 的干貝濕氣。沙拉油倒入平底鍋中以中火燒熱，再將干貝擺入鍋中煎約 1 分鐘。翻面後再煎約 1 分鐘。取出後放入作法 2 的方盤裡，撒上揉碎的海苔（如圖）。

〔1 人份 160kcal　用時 15 分〕

照燒鮪魚

鮪魚撒上太白粉後稍微煎一下,再淋上又甜又辣的醬汁。
這道料理可以滿足同時想吃美味照燒料理和生魚片者的口腹之欲。

材料 (2人份)

鮪魚(生魚片用/瘦肉/魚肉塊)
　…200g
白蘿蔔 … 150g
太白粉 … 適量
A ┌ 味醂 … 2 大匙
　├ 醬油 … 1 又 1/2 大匙
　├ 酒 … 1 大匙
　└ 砂糖 … 1 小匙
沙拉油 … 1/2 大匙
山葵 … 少許

作法

1 白蘿蔔以切菜器(切絲用,或用菜刀)切成細絲,接著泡冷水約 5 分鐘增加爽脆度,然後放在濾網上瀝乾。鮪魚用紙巾擦乾,再撒上太白粉,並輕輕拍打僅留薄薄一層太白粉。

2 沙拉油倒入平底鍋中以中火燒熱,再將鮪魚放入鍋中煎 1 ～ 2 分鐘。待上色後用鍋鏟及調理筷翻面,接著繼續煎 1 ～ 2 分鐘。熄火,取出放在方盤上。

3 材料 A 倒入作法 2 的鍋中充分拌匀,再以小火加熱。待起泡後將作法 2 的鮪魚放回鍋中(如圖),並不時用湯匙淋上醬汁,使整個魚肉都沾上醬汁。

鮪魚煎好後先暫時取出,
等醬汁煮滾後再放回鍋裡,
使鮪魚維持三分熟的狀態。

4 取出鮪魚切成 1cm 寬。盛盤後搭配上白蘿蔔,再淋上殘留在平底鍋中的醬汁,並擺上山葵。

〔1 人份 220kcal　用時 15 分〕

蛋

食譜

一提到用平底鍋煮的雞蛋料理，最常見的就屬歐姆蛋了。
不過平底鍋也很擅長處理和風料理，但是切記善用不同尺寸的平底鍋來烹煮。

玉子燒　煎

煎出厚度的秘訣在於使用小一點的平底鍋。
再用鍋鏟捲出玉子燒。

材料 （2 人份）

雞蛋 … 3 個

A ┌ 砂糖 … 1 又 1/2 大匙
　├ 酒 … 1 大匙
　└ 醬油 … 少許

沙拉油 … 適量

作法

1　雞蛋打入調理盆中打散，再加入材料 A 拌勻。

2　在小一點的平底鍋內塗上薄薄一層沙拉油後以中火燒熱。接著倒入 1/3 分量的蛋液，並用調理筷將蛋液稍微攪拌均勻。待表面呈現半生不熟的狀態後，用鍋鏟往自己的方向捲起來。

**蛋液分 3 次倒入鍋中，
玉子燒才會愈來愈厚。**

3　將玉子燒往另一側靠去，並在空處塗上薄層沙拉油。接著倒入剩餘 1/2 的蛋液（左側圖片），再將玉子燒抬高使蛋液流至下方（右側圖片），並同作法 2 往自己的方向捲起。

魩仔魚細蔥玉子燒   煎

在蛋液裡加進餡料煎成不一樣的玉子燒。
魩仔魚乾的鹹味與鮮味正好取代調味料。

 蛋

材料 （2人份）

雞蛋 … 3 個
細蔥 … 4 根
魩仔魚乾＊… 2 大匙
酒 … 1 大匙
沙拉油 … 適量

＊充分乾燥後質地堅硬的魩仔魚乾。

作法

1 細蔥切成蔥花。雞蛋打入調理
盆中打散，接著倒入酒、魩仔魚
乾、細蔥後拌勻。

2 依照「玉子燒」（參閱 P.60）
的作法 2～作法 4 煎熟。接著切
成方便食用的大小後盛盤。

〔1 人份 140kcal　用時 10 分〕

4 剩餘的蛋液也依照相同作法倒
入鍋中再捲起來，然後調整形狀
煎至上色為止（如圖）。玉子燒
走樣時，可取出趁熱用鋁箔紙包
起來調整形狀，接著靜置一會。
最後切成方便食用的大小。

〔1 人份 150kcal　用時 10 分〕

羊栖菜芽蛋餅 煎

蓋上比平底鍋小一點的
平面鍋蓋再翻面。

使用小一點的平底鍋煎成厚厚的煎蛋。
煎蛋不加甜味，僅以醬油調味，並活用羊栖菜與青蔥的風味。

蛋

材料 （2人份）

雞蛋 … 3 個
羊栖菜芽（乾）* … 15g
青蔥 … 1/2 根
A ┌ 酒 … 1 大匙
　├ 醬油 … 1 小匙
　└ 鹽、胡椒 … 各少許
沙拉油 … 適量

＊普通的羊栖菜也無妨，但是使用
羊栖菜時需在泡發後切成 3cm 長。

作法

1 羊栖菜快速沖洗過，泡在水中
20 ～ 30 分鐘（或是參考包裝袋
標示）泡發，接著換水後稍微洗
淨再瀝乾。長蔥縱切對半，再從
邊緣切成薄片。雞蛋打入大一點
的調理盆中打散備用。

2 將 1/2 大匙沙拉油倒入小一點
的鍋中以中火燒熱，再倒入羊栖
菜迅速炒過，接著加入青蔥炒軟
再加入材料 A 拌勻，熄火後再加
作法 1 的蛋液。

3 將作法 2 的鍋快速洗淨後擦
乾，再用中火將 1 大匙沙拉油燒
熱，然後倒入作法 2 大動作拌
勻。煎至半生不熟狀態後蓋上鍋
蓋，再以稍弱中火煎 3 ～ 4 分鐘。
熄火，接著蓋上鍋蓋用手壓（如
圖），然後直接翻面再倒回鍋中。
再次以小火加熱，蓋上鍋蓋蒸烤
3 ～ 4 分鐘。最後切成方便食用
的大小盛盤。

〔1人份 220kcal　用時 40 分〕

小黃瓜冬粉蛋捲 ⬚煎 🍳

倒入薄薄一層蛋液煎成薄蛋皮，作法簡單，只要掌握翻面技巧就能完成。
包入風味清爽的內餡，再配上充滿芥末風味的醬汁大口品嚐吧！

材料（2人份）

薄蛋皮 *
┌ 雞蛋 … 2 個
│ 鹽 … 少許
└ 沙拉油 … 適量
冬粉（乾）… 30g
小黃瓜 … 1 根（100g）
醬汁
┌ 醋 … 2 大匙
│ 醬油 … 1 又 1/2 大匙
│ 砂糖 … 1 小匙
└ 芥末醬 … 1 小匙

＊ 2 片的分量

蛋

作法

1 雞蛋打入調理盆中打散，加鹽拌勻，接著用濾茶網過篩（或是網目較細的網篩）後注入量杯中。在平底鍋內塗上薄薄一層沙拉油後以中火燒熱，接著倒入1/2 分量的蛋液，然後迅速轉動平底鍋，使蛋液薄薄地布滿整個鍋子，煎約 10 秒鐘直到邊緣部分變乾且稍微剝離為止。

2 離火，將調理筷伸進蛋液底下（左側圖片），接著直接提起蛋皮。然後將平底鍋靠近自己的一側抬高，同時小心地將蛋皮翻面（右側圖片）。接著再次以中火

轉動調理筷，同時小心地伸進蛋皮底下，才不容易弄破蛋皮。然後直接提起蛋皮再翻面

加熱煎 3 ～ 4 秒鐘，取出蛋皮後放在乾燥的砧板上。接下來將剩餘蛋液依照相同作法煎熟。

3 平底鍋洗淨後燒熱水，放入冬粉燙 2 ～ 3 分鐘，然後放在濾網上將水分濾乾，待冷卻後切成方便食用的長度。小黃瓜斜切成 2 ～ 3mm 寬的細絲。再將冬粉與小黃瓜混合均勻。

4 攤開 1 片薄蛋皮，橫向長長地擺上 1/2 分量的作法 3，再一圈圈捲起來。剩餘材料也依照相同作法捲成蛋捲。接著切成方便食用的長度後盛盤，並將醬汁的材料混合均勻搭配食用。

〔1 人份 170kcal　用時 20 分〕

涼拌蛋鬆甜豆佐甜醋 炒

帶著淡淡甜味的炒蛋與甜醋的酸味十分合拍。
甜豆略燙即可呈現鮮豔色澤及爽脆口感。

蛋

材料 （2 人份）

雞蛋 … 2 個

A
- 酒 … 1 大匙
- 味醂 … 1 大匙
- 砂糖 … 1/2 大匙
- 鹽 … 少許

甜豆 … 10 ～ 11 個（100g）

鹽 … 1/3 小匙

甜醋
- 醋 … 3 大匙
- 水 … 2 大匙
- 砂糖 … 1 小匙
- 鹽 … 1/5 小匙

作法

1 甜豆去蒂及兩側粗絲。將 3 杯
熱水倒入小一點的平底鍋中煮沸
後加入鹽，再加入甜豆燙約 1 分
30 秒鐘，接著放在濾網上冷卻，
然後切成 3 等分長。

2 雞蛋打入調理盆中打散，再加
入材料 A 拌勻。作法 1 的平底鍋
快速洗淨後將水分擦乾。蛋液倒
入鍋中後以中火加熱，待凝固後
轉成小火，接著握住 4 根調理筷
持續攪拌（如圖），同時加熱至
鬆散為止。取出後放涼。

邊緣開始凝固後，
用 4 根調理筷攪拌成鬆散狀。

3 甜醋的材料倒入大一點的調理
盆中混合，再加入作法 1、作法
2 翻切涼拌。

〔1 人份 130kcal　用時 20 分〕

滑蛋荷蘭豆竹筍小魚乾

想要烹調出鬆軟柔嫩的滑蛋，秘訣在於蛋液略微打散即可，才能保留蛋筋。
再透過淡口味的滷汁將食材及雞蛋的風味凸顯出來。

材料（2 人份）

雞蛋 … 3 個
荷蘭豆 … 12 ~ 13 片（30g）
水煮竹筍 …（小）1 個（150g）
鹽 … 1/3 小匙
小魚乾 * … 4 大匙
高湯（參閱 P.60）… 1/2 杯

A
┌ 味醂 … 2 大匙
│ 酒 … 1 大匙
│ 醬油 … 1/2 小匙
└ 鹽 … 1/4 小匙

* 軟一點的小魚乾。

作法

1 竹筍縱切對半，根部 2 ~ 3cm 切成薄薄的半月形，剩餘部分縱切成薄片。荷蘭豆去蒂及粗絲。將 3 杯熱水倒入小一點的平底鍋中煮沸後加鹽，放入荷蘭豆汆燙一下，接著置於濾網上。

2 將作法 1 的平底鍋快速洗淨，再將高湯倒入鍋中以中火加熱。煮滾後依序加入材料 A 拌勻，接著放入竹筍後蓋上鍋蓋，以小火煮 6 ~ 8 分鐘。然後混和小魚乾、荷蘭豆稍微拌勻。

3 雞蛋稍微打散，以畫圓方式倒入約 1/2 分量（如圖），再蓋上鍋蓋煮 1 ~ 2 分鐘。

4 待邊緣部分開始凝固後，將剩餘蛋液依照相同作法以畫圓方式倒入鍋中。接著蓋上鍋蓋煮約 30 秒鐘後熄火，然後直接靜置 30 秒 ~ 1 分鐘，利用餘溫加熱至半生不熟的狀態。

〔1 人份 190kcal　用時 20 分〕

透過調理筷
從中心部位往外側
以畫圓方式將蛋液
倒入鍋中。

豆腐等大豆製品是和食一定會使用到的食材。由於容易烹煮，
因此用平底鍋三兩下就能完成的食譜非常多種。大家不妨來挑戰看看各種料理方式！

豆
嫩豆腐

肉豆腐　　煮

平底鍋為寬口設計，烹調時食材不會疊放在一起，
因此柔軟的嫩豆腐可維持完整外觀而不會碎裂。
豆腐無須瀝水，且可善用內含水分將料理煮熟。

材料 （2人份）

嫩豆腐 … 1塊（300g）
牛肉片 … 150g
金針菇 … 1袋（100g）
生薑 … （小）1/3 小塊
珠蔥 … 100g
沙拉油 … 1/2 大匙
酒 … 2 大匙

A ┌ 味醂 … 2 大匙
　│ 砂糖 … 1/2 大匙
　└ 醬油 … 2 大匙

作法

1 豆腐切成 8 等分。金針菇切除尾部後用手撕開。生薑切絲。珠蔥切成 3cm 長，然後分成根部及尾部。

2 沙拉油倒入平底鍋中以中火燒熱，牛肉入鍋炒散。待肉變色後加入生薑拌炒一下，再加入酒、1 杯水。煮滾後依序加入材料 A 拌勻，放入金針菇。再次煮滾後轉成小火，然後蓋上鍋蓋煮約 8 分鐘。

攪拌容易造成
豆腐碎裂，
因此在煮豆腐的同時須用湯匙將滷汁淋在豆腐上。

3 將牛肉移至鍋邊，空出位置，然後將豆腐用鍋鏟小心地放入鍋中。加入珠蔥的根部，再將滷汁淋在豆腐上（如圖）蓋上鍋蓋。煮 5～6 分鐘，且別忘不時開蓋澆滷汁。最後加入珠蔥的尾部，煮約 1 分鐘直到軟爛為止。

〔1 人份 430kcal　用時 25 分〕

豆腐鱈魚卵燉菜 煮

豆腐煮至溫熱後取出，最後淋上勾芡的滷汁即可。
鱈魚卵的柔和鹹味覆蓋在豆腐上，令人垂涎。

豆

嫩豆腐

材料（2人份）
嫩豆腐…1塊（300g）
鱈魚卵…（大）1/2付（50g）
蘿蔔嬰…1/2盒
A ┌ 酒…1大匙
　└ 鹽…1/5～1/4小匙
太白粉水
┌ 太白粉…1小匙
└ 水…2小匙

作法

1 豆腐切成6等分。鱈魚卵在外皮劃入刀痕後將魚卵取出。蘿蔔嬰切除根部，再切成一半長度。太白粉水拌勻備用。

2 將1杯水倒入小平底鍋中以中火加熱，煮滾後再加入鱈魚卵攪散。待鱈魚卵變色後加入材料A拌勻，接著放入豆腐。轉成小火煮2～3分鐘，待豆腐溫熱後熄火，取出盛盤。

3 蘿蔔嬰倒入剩餘的滷汁中，再次以中火加熱。煮滾後將太白粉水以畫圓方式倒入鍋中攪拌。最後淋在作法2的豆腐上。

〔1人份130kcal　用時15分〕

煎豆腐肉捲 煎

豆腐想要煎出金黃色澤，第一步就是將水分充分瀝乾。
豬五花的焦香味加上豆腐的鮮甜味，讓滋味倍增。

豆
板豆腐

材料 （2 人份）

板豆腐 … 1 塊（300g）
豬五花（薄片）… 8 片（約 160g）
茄子 … 2 個（160g）
沙拉油 … 少許
白蘿蔔（磨成泥）… 200g
柚子醋醬油 … 適量

作法

1 豆腐置於方盤再擺上一個方盤重壓，靜置約 20 分鐘瀝乾（如圖）。

2 豆腐橫放在切菜板上，再從邊緣切成 8 等分。1 塊豆腐分別用 1 片豬肉鬆鬆地捲起來（如圖）。茄子切除蒂頭，再切成半長，然後切成四塊。

捲得太緊在油煎時肉一收縮就會變形，所以鬆鬆地捲起即可。

3 平底鍋塗上沙拉油後以中火加熱，再將作法 2 的豆腐肉捲末端朝下擺入鍋中。鍋子空位放入茄子，煎約 3 分鐘，翻面後再油煎約 3 分鐘。

4 將作法 3 盛盤，擺上稍微瀝乾水分的白蘿蔔泥，並淋上柚子醋醬油。

〔1 人份 480kcal　用時 35 分〕

烤豆腐 煎

外酥內嫩，超級美味。
只需用平底鍋油煎表面，即可使平凡的板豆腐增添嶄新魅力。

材料（2 人份）

板豆腐 … 1 塊（300g）
生薑（磨成泥）… 1 ～ 2 小匙
青蔥 … 5cm
青紫蘇 … 4 片
沙拉油 … 1/2 大匙
醬油 … 適量

作法

1 豆腐倒入方盤靜置 20 分鐘將水分瀝乾（如圖），接著切成 6 等分，然後用廚房紙巾將水分擦乾。青蔥切成薄片蔥花，青紫蘇切除葉梗後縱切成 3 等分，然後疊起來切絲。

2 沙拉油倒入平底鍋中以中火燒熱，再將豆腐擺入鍋中。煎約 3 分鐘，待上色後用鍋鏟翻面，各面分別煎 2 ～ 3 分鐘。

3 將作法 2 盛盤，再擺上青蔥、青紫蘇、生薑，並依個人喜好淋上適量醬油。

〔1 人份 150kcal 用時 30 分〕

瀝乾水分時，沒有經過重壓的豆腐可維持柔軟度。
瀝乾水分後才容易煎至上色。

豆 板豆腐

韭菜炒豆腐 煎

豆腐汆燙後將水分瀝乾再下鍋炒，即可呈現爽口香酥的滋味。
柴魚片分 2 次加入鍋中，使鮮味及香氣徹底發揮出來。

材料 （2 人份）

板豆腐 … 1 塊（300g）
韭菜 … 1/2 把（50g）
洋蔥 … 1/2 個（100g）
麻油 … 1 大匙
柴魚片 … 5g

A ⎡ 酒 … 1/2 大匙
  ⎜ 醬油 … 1/2 小匙
  ⎜ 鹽 … 1/3 小匙
  ⎣ 胡椒 … 少許

作法

1 豆腐用手撕成 10 ～ 12 等分。將 5 ～ 6 杯熱水倒入平底鍋煮沸，放進豆腐燙約 1 分鐘，接著置於濾網，靜置至冷卻為止，並將水分充分瀝乾。韭菜切成 3cm 長。洋蔥沿著纖維切成 5mm 寬。

2 麻油倒入平底鍋以中火燒熱，豆腐放進鍋中拌炒。待上色後加入洋蔥，並炒至洋蔥變軟為止（如圖）。

3 加入 1/2 分量的柴魚片略炒，再加入材料 A 混合。最後加入韭菜拌炒一下。盛盤，並撒上剩餘的柴魚片。

〔1 人份 200kcal　用時 30 分〕

豆腐需仔細炒至上色，這樣才能釋放出香氣，使美味度倍增。

70

豆腐蒸蝦 蒸

鮮蝦剁碎後與豆腐拌勻，再連同容器放入平底鍋中清蒸。
鮮蝦的甜味一點一滴滲入清淡的豆腐中，交織出鮮甜香嫩的好味道。

材料（2人份）

板豆腐 …（大）1/2 塊（200g）
蝦仁 … 80g
鴻喜菇 … 1/2 包（50g）

A ─ 酒 … 1/2 大匙
  ─ 鹽 … 1/4 小匙
  ─ 醬油 … 少許
  ─ 太白粉 … 1 小匙

生薑（磨成泥）… 少許

作法

1 鮮蝦若有腸泥請去除，用水洗淨後將水分擦乾。預留 2 尾作為裝飾用，其餘切成 1cm 寬並剁碎。鴻喜菇去除根部再切成一半長度，然後用手撕開。

2 豆腐倒入調理鍋中用手捏碎，再依序加入材料 A 後充分混合均勻。接著放入作法 1 中已剁碎的鮮蝦、鴻喜菇再次混合均勻，然後分成 2 等分後大略整圓。放入 2 個耐熱容器中，再擺上裝飾用的鮮蝦。

蒸氣溫度極高，應先熄火後再放入鍋中。接著馬上蓋上鍋蓋，然後開中火煮滾蒸熟。

3 將水倒入平底鍋中達鍋沿一半高度，以稍強中火煮滾。接著暫時熄火將作法 2 擺入（如圖），然後蓋上鍋蓋，以中火蒸約 10 分鐘。取出後擺上薑泥。

〔1 人份 120kcal 用時 30 分〕

油豆腐鑲蛋 煎

生蛋裝入油豆腐中，再用平底鍋兩面煎熟。
閃耀光澤的醬汁融入油豆腐後，即可美味品嚐。

材料 （2人份）

油豆腐＊… 2 片
雞蛋 … 4 個
糯米椒 … 6 個

A
- 酒 … 2 大匙
- 味醂 … 2 大匙
- 醬油 … 1 又 1/2 大匙
- 砂糖 … 1/2 大匙

＊最好準備薄片且水分較多的油豆腐。

作法

1 油豆腐切成半長，再從切口處剝開成袋狀。先將 1 顆雞蛋打入小容器中，再倒入分切好的 1 塊油豆腐中。可將小調理盆擺在油豆腐下方以便填裝。開口以牙籤像縫衣服一樣封口。剩餘的油豆腐作法相同。

2 材料 A 事先混合均勻備用。作法 1 的開口朝向平底鍋的外側放入鍋中（如圖），再蓋上鍋蓋以中火加熱，煎約 3 分鐘。

3 待上色後翻面再放入糯米椒，接著蓋上鍋蓋轉成稍弱的中火，一邊翻動糯米椒一邊煎約 3 分鐘。熄火後取出糯米椒，再以畫圓方式倒入混合均勻的材料 A。接著以小火加熱，然後一邊將食材吸附醬汁，一邊收乾醬汁至出現光澤為止。

4 取出後拔掉牙籤，依個人喜好分切盛盤，再淋上殘留在平底鍋中的醬汁，並搭配糯米椒。

〔1 人份 320kcal　用時 20 分〕

油豆腐內含油脂，因此無須另外加油。且封口需朝外，蛋液才不易流出。

秋葵油豆腐清湯 煮

厚片油豆腐去油並將秋葵汆燙後再煮。
細心完成分部處理，正是美味的秘訣。

材料 （2～3 人份）

厚片油豆腐 … 1 片
秋葵 … 8～10 根
鹽 … 少許

A ┌ 水 * … 2 杯
  │ 昆布（5cm 的四方形）
  │ … 1 片
  │ 柴魚片
  │ （裝入沖茶袋中／
  └ 參閱 P.11）… 10g

B ┌ 味醂 … 3 大匙
  │ 醬油 … 1/2 小匙
  └ 鹽 … 1/2 小匙

＊或是高湯（參閱 P.6）。

作法

1 秋葵剝除花萼，撒鹽後揉一揉。3 杯水倒入小一點的平底鍋中煮沸，再放入厚片油豆腐燙約 1 分鐘，拿出置於濾網。含鹽的秋葵直接倒入同一鍋熱水中汆燙一下，然後放在濾網上將水分瀝乾。待厚片油豆腐稍微放涼後切成 8 等分。

2 將作法 1 的平底鍋快速洗淨，倒入材料 A 後以中火加熱。待煮滾後加入材料 B 拌勻，再倒入厚片油豆腐。再次煮滾後蓋上鍋蓋以小火煮約 5～6 分鐘，然後加入秋葵煮約 1 分鐘。接著撈除昆布、柴魚片後盛盤。

豆 油豆腐厚片／大豆

〔1 人份 140kcal　用時 20 分〕

味噌炒大豆絞肉 炒

在口感鬆軟的大豆裡加進肉的濃郁風味、味噌的香氣以及青蔥的辛辣，配上白飯一口口細細享用。

材料 （2 人份）

大豆
（罐裝產品／調理包＊）
… 1 罐（140g）
豬絞肉 … 80g
青蔥 … 1/2 根
沙拉油 … 1/2 大匙
味噌 … 1 又 1/2 大匙

A ┌ 酒 … 1 大匙
  └ 砂糖 … 1 小匙

＊買不到罐裝大豆可使用水煮罐頭，但需將湯汁瀝乾後再使用。

作法

1 青蔥切成 1cm 寬的蔥花。沙拉油倒入平底鍋中以中火燒熱，再倒入絞肉充分炒至鬆散、變色。再加入大豆炒 1～2 分鐘。

2 加入味噌並與食材混合均勻。待味噌融入食材後，再加入青蔥拌炒。等青蔥炒軟後，放入材料 A 提味。

〔1 人份 280kcal　用時 15 分〕

除了熱炒與燒烤之外，用平底鍋燙、煮蔬菜也非常好用。
還少一道配菜時，非常推薦大家端上蔬菜料理。

蔬菜
食譜

菜
南瓜

滷南瓜 ⬚⬚⬚ 煮 🥄

將南瓜緊密擺在小一點的平底鍋內，用少量滷汁即可煮熟。
調味時善用南瓜的甜味，煮出鬆軟的甜美滋味。

材料 （2～3人份）

南瓜 … （大）1/4 個（500g）

A
├ 味醂 … 2 大匙
├ 砂糖 … 1 大匙
└ 醬油 … 1 大匙

作法

1 南瓜洗淨後將水分瀝乾，再用湯匙挖除內部囊籽，接著連皮切成 3～4cm 的塊狀。

2 南瓜外皮朝下擺入小一點的平底鍋中，加入 2/3 杯水、材料 A，再以中火加熱（如圖），煮滾後蓋上鍋蓋以小火煮 12～15 分鐘，直到南瓜變軟為止。

〔1 人份 170kcal　用時 25 分〕

硬皮朝下擺入鍋中
才容易煮熟，
也不易煮散。

高麗菜燉油豆腐

 煮

口感軟爛的高麗菜完全吸收了
柴魚片的鮮美與
油豆腐的醇香。

材料 （2 人份）

高麗菜 … 1/4 個（300g）
油豆腐 … 2 片
柴魚片
　（裝入沖茶袋中／
　參閱 P.11）… 10g
A｜味醂 … 2 大匙
　｜醬油 … 1 小匙
　｜鹽 … 1/2 小匙
七味唐辛子 … 少許

作法

1　油豆腐縱切對半，再從邊邊切成 3cm 寬。高麗菜切除芯部，再切成 4 ～ 5cm 的四方形。

2　2 杯水、柴魚片倒入小一點的平底鍋中以中火加熱。煮滾後加入材料 A、油豆腐，接著蓋上鍋蓋以小火煮 3 ～ 4 分鐘。然後放入高麗菜拌勻，並再次蓋上鍋蓋

煮 5 ～ 6 分鐘，直到高麗菜變軟為止。撈除柴魚片後盛盤，並撒上七味唐辛子。

〔1 人份 180kcal　用時 20 分〕

小松菜炒魩仔魚 炒

將小松菜切碎再炒成可用來拌飯的配菜。
不但能配合白飯或豆腐一同食用，也能做成炒飯。

材料 （2 ～ 3 人份）

小松菜 … 1 把（250g）
魩仔魚乾＊… 30g
麻油 … 2 大匙
A｜酒 … 2 大匙
　｜醬油 … 1 小匙
　｜鹽 … 1/3 小匙
白芝麻 … 2 大匙

＊充分乾燥後質地堅硬的魩仔魚乾。

作法

1　先切除小松菜根部，充分洗淨並瀝乾水分，再從邊邊切成 1 ～ 2cm 寬。

2　麻油倒入平底鍋中以中火加熱，再倒入小松菜炒。炒軟後加入魩仔魚乾拌炒一下，並依序加入材料 A 調味。待湯汁收乾後再加入芝麻提香。

〔1 人份 140kcal　用時 10 分〕

肉香牛蒡

絞肉的濃郁再加上牛蒡的強勁風味。
一次品嚐金平牛蒡絲與肉燥的美妙。

材料 （2 人份）

牛蒡 … 1 根（200g）
雞絞肉 … 100g
沙拉油 … 1 大匙
酒 … 2 大匙

A ┌ 味醂 … 2 大匙
　├ 砂糖 … 1/2 大匙
　└ 醬油 … 2 大匙

作法

1 牛蒡刮除外皮後斜切成 3 ～ 4mm 厚，泡水約 3 分鐘後再將水分充分瀝乾。

2 在平底鍋中以中火燒熱沙拉油，再倒入絞肉炒散。待炒成肉燥狀態後加入牛蒡拌炒。等牛蒡變透明後加入酒、1/2 杯水，煮滾後依序加入材料 A，再一邊攪拌一邊熬煮至湯汁收乾為止。

〔1 人份 250kcal　用時 15 分〕

菜
牛蒡／地瓜

地瓜昆布絲燉菜

昆布絲的鮮甜與鹹香充分融入鬆軟的地瓜當中，
每一口都是絕妙風味。

材料 （2 ～ 3 人份）

地瓜 … 1 條（280g）
昆布絲 … 30g
泡發昆布的湯汁 … 3 杯

A ┌ 酒 … 2 大匙
　├ 味醂 … 2 大匙
　├ 醬油 … 2 大匙
　└ 砂糖 … 1 大匙

作法

1 昆布絲快速沖洗後泡在 4 杯水中 10 ～ 20 分鐘（或是包裝袋上標示的時間）使之泡發。然後放在濾網上將水分瀝乾，預留 3 杯泡發昆布的湯汁備用。地瓜充分洗淨，連皮切成 4 ～ 5cm 長後再切成 4 塊，泡水約 10 分鐘後將水分瀝乾。

2 昆布絲、地瓜、泡發混布的湯汁倒入小一點的平底鍋中以中火加熱，煮滾後加入材料 A，待再次煮滾後蓋上鍋蓋，並以小火煮10 ～ 15 分鐘。

〔1 人份 180kcal　用時 40 分〕

紅燒香菇鑲肉 ⋯⋯ 煎 🍳

講究火候的煎香菇，多汁且口感軟嫩。
連香菇梗也不浪費，一起切碎混入肉餡中盡情享用。

先將肉的表面充分煎至
上色後再翻面。

材料 （2人份）

鮮香菇 … （大）6朵（150g）
雞絞肉 … 150g

A
- 青蔥（切末）… 2大匙
- 酒 … 1大匙
- 醬油 … 1/2小匙
- 薑汁 … 少許

太白粉 … 適量

B
- 味醂 … 2大匙
- 醬油 … 1又1/2大匙
- 酒 … 1大匙
- 砂糖 … 1小匙

沙拉油 … 1/2大匙
白蘿蔔（磨成泥）… 100g
七味唐辛子 … 少許

作法

1 香菇切除梗部、根部較硬的部分。傘面外側劃入格子狀的切痕，梗部切末。

2 絞肉、材料A、香菇梗倒入調理盆中，用手充分攪打均勻再分成6等分（絞肉內餡）。香菇的傘面內側撒上薄薄一層太白粉，再分別塞入1份絞肉內餡，然後將表面抹平。

3 材料B混合均勻備用。沙拉油倒入平底鍋中以中火燒熱，將作法2的絞肉內餡朝下擺入鍋中。煎約2分鐘後蓋上鍋蓋，轉小火

蒸烤約3分鐘。拿開鍋蓋後翻面（如圖），中火煎約2分鐘，接著再次蓋上鍋蓋以小火蒸烤約3分鐘。

4 熄火，加入事先混合均勻的材料B，以小火一邊晃動平底鍋一邊加熱使食材吸附湯汁，直到大致收乾為止。盛盤，再搭配上稍微瀝乾水分的白蘿蔔泥，並撒上七味唐辛子。

〔1人份 230kcal　用時25分〕

馬鈴薯豬肉味噌煮 ⬤煮 🥄

先用平底鍋拌炒豬五花，呈現金黃酥香的風味。
利用豬肉煮成味噌口味的馬鈴薯燉肉，再藉由生薑香氣讓胃口大開！

菜
馬鈴薯

材料 （2～3人份）

馬鈴薯…（大）3個（500g）
豬五花（薄片）…150g
洋蔥…（小）1個（120g）
生薑…（小）1/2小塊
沙拉油…1小匙
酒…2大匙
A ┌ 味醂…2大匙
　└ 砂糖…1大匙
味噌…3大匙

作法

1 馬鈴薯切成4等分，泡水約10分鐘後將水分擦乾。洋蔥縱切成8等分的月牙形。生薑切絲。豬肉切成5cm長。

2 沙拉油倒入平底鍋中以中火燒熱，再倒入豬肉炒散。待肉變色後加入生薑翻炒，接著放入馬鈴薯、洋蔥拌炒。拌炒均勻後加入酒、1/2～2/3杯水，煮滾後倒入材料A，再蓋上鍋蓋以小火煮約8分鐘。

3 將味噌、適量作法2的滷汁倒入小容器中混合均勻，再以畫圓

味噌用滷汁溶解化開，再以畫圓方式淋在所有食材上，這樣味道才容易融合在一起。

方式倒入鍋中（如圖）。拌勻後蓋上鍋蓋，煮6～8分鐘。

〔1人份 420kcal　用時30分〕

金平馬鈴薯 炒

馬鈴薯容易變得水水的，
努力把水分徹底瀝乾，就能炒出爽脆口感。

材料 （2 人份）

馬鈴薯 … 2 個（300g）
沙拉油 … 1 大匙

A ┌ 酒 … 1 大匙
  │ 味醂 … 1 大匙
  └ 醬油 … 1 大匙

七味唐辛子 … 少許

作法

1 馬鈴薯用切菜器（或用菜刀）切成粗絲。換水 2～3 次同時快速清洗後將水分充分擦乾。

2 沙拉油倒入平底鍋中以中火燒熱，再倒入馬鈴薯拌炒。待馬鈴薯變透明後依序加入材料 A，並以小火炒至湯汁收乾為止。盛盤，再撒上七味唐辛子。

〔1 人份 190kcal　用時 10 分〕

菜　馬鈴薯／白蘿蔔

白蘿蔔土佐煮 煮

白蘿蔔削去厚厚一層外皮會比較好煮熟。
充分入味的白蘿蔔再撒上大量柴魚片更具鮮味。

材料 （2～3 人份）

白蘿蔔 … 12cm（360g）
昆布（5cm 的四方形）
　… 1 片
酒 … 1 大匙

A ┌ 味醂 … 2 大匙
  │ 砂糖 … 1 大匙
  └ 醬油 … 2 大匙

柴魚片 … 10g

作法

1 白蘿蔔切成 2cm 厚的圓片狀，再削去厚厚一層外皮。

2 1/2 杯水、昆布、作法 1 倒入平底鍋中以中火加熱。煮滾後撒上酒，蓋上鍋蓋以小火煮約 15 分，直到白蘿蔔幾乎變軟為止。

3 依序加入材料 A，接著再次蓋上鍋蓋煮約 10 分鐘。打開鍋蓋後轉成中火，熬煮至湯汁收乾。熄火後取出昆布，待稍微放涼後加入柴魚片。

〔1 人份 80kcal　用時 40 分〕

涼拌茄子 ⬚⬚炸 🍳

茄子直接下鍋油炸後，既可維持鮮豔外皮，又可嚐到軟嫩的肉質口感。
趁熱浸泡在醋醬油中，讓味道充分滲透至茄子裡。

材料 （2～3 人份）

茄子 … 6 個（480g）
沙拉油 … 適量

A
- 水 … 4 大匙
- 醬油 … 3 大匙
- 醋 … 3 大匙
- 紅辣椒（切成小片）
  … 1/2 根的分量

★ 170℃的辨識方式：將用水沾濕再擦乾
的調理筷伸進油鍋中會立刻出現細小油泡
的狀態（參閱 P.21）。

作法

1 茄子切除蒂頭、尾端，然後縱切對半。外皮間隔 7～8mm 斜斜劃入淺刀痕。材料 A 倒入方盤中混合均勻備用。

2 沙拉油注入鍋中達 2cm 高，再以中火加熱至 170℃*左右，接著將 1/2 的茄子外皮朝下放入鍋中。不時翻動（如圖）炸 3～4 分鐘，直到茄子變軟。

3 取出後瀝油，再趁熱浸泡在混合好的材料 A 中。剩餘的茄子也按相同作法炸熟，然後浸泡在材料 A 中。最後放涼醃漬入味。

〔1 人份 230kcal　用時 20 分〕

縱切對半，
外皮也劃入刀痕，
這樣少油也能充分炸熟。

芝麻味噌茄子 蒸

茄子以少許水分蒸熟能鎖住甜味,再用手撕開便與芝麻味噌充分交融。
建議大家蒸茄子一次多準備一些保存起來,再搭配個人偏好的調味料或醬料品嚐。

材料（2～3人份）

茄子…6 條（480g）

A
- 芝麻粉（白）…4 大匙
- 味噌…2 大匙
- 砂糖…1/2 大匙

作法

1 茄子切除蒂頭,尾端也稍微切掉。接著倒入平底鍋中,注入 2/3 杯水後蓋上鍋蓋（如圖）以中火加熱。煮滾後轉成小火,蒸 12～15 分鐘直到茄子變軟為止。熄火,直接放著冷卻。

2 材料 A 倒入調理盆中混合均勻,再加入 2 大匙水溶解化開。

3 取出作法 1 的茄子,用手撕成 6 等分的長條狀。將水分擠乾,然後加入作法 2 中涼拌。

〔1 人份 110kcal　用時 30 分〕

水量稍微浸泡到茄子即可。從一開始就要蓋上鍋蓋,以鎖住水分將茄子蒸熟。

涼拌油菜花

燙好的油菜花需用力擠乾水分才能充分入味。
細細品嚐在口中瀰漫開來的微微苦味與圓潤清香。

材料 （2～3人份）

油菜花 … 1 把（200g）
鹽 … 1/2 小匙

A
┌ 高湯（參閱 P.6）… 1 杯
│ 味醂 * … 1 大匙
│ 醬油 … 1 小匙
└ 鹽 … 1/4 小匙

柴魚片 … 5g

*不喜歡酒味的人可將材料 A 倒入小一點
的平底鍋中以中火煮滾，冷卻後再使用。

作法

1 油菜花的根部切掉一些，再泡水 10 ～ 20 分鐘。將葉片與莖部分開，然後分別切成方便食用的長度。

2 5 ～ 6 杯熱水倒入平底鍋中煮沸後加鹽，放入油菜花的莖部以稍強的中火加熱，燙約 1 分鐘。再放入葉片（如圖），先煮滾一

下就熄火，接著放在濾網上，然後泡冷水裡加以冷卻，並將水分充分擠乾。

3 材料 A 倒入調理盆中混合，再倒入作法 2 拌勻，然後靜置約 10 分鐘使之入味。將油菜花盛盤，再淋上涼拌醬汁並擺上柴魚片。

〔1 人份 40kcal　用時 40 分〕

先將粗莖稍微加熱後再放葉片，
這樣燙熟後的口感才會剛剛好。

紅蘿蔔炒鱈魚卵 〔炒〕

紅蘿蔔盡量切細，再炒至軟爛為止。
最後用鱈魚卵的鹹味及鮮味來取代調味料。

材料 （3～4人份）

紅蘿蔔 … 2 條（250g）
鱈魚卵 … （大）1/2 付（40g）
沙拉油 … 1 大匙
酒 … 2 大匙
醬油 … 少許

作法

1 紅蘿蔔用切菜器（或是菜刀）切成 4～5cm 長的絲狀。鱈魚卵在外皮劃入刀痕後將魚卵取出。

2 沙拉油倒入平底鍋中以中火燒熱，再倒入紅蘿蔔炒 2～3 分鐘。炒軟後加入鱈魚卵拌炒一下（如圖），接著撒上酒繼續拌炒。待

用調理筷迅速將鱈魚卵攪散，使味道能遍布所有食材。

鱈魚卵炒散後淋上醬油拌勻。

〔1 人份 60kcal　用時 10 分〕

油煎青蔥肉捲 煎

用豬五花將青蔥捲起來，豬肉的鮮甜就會滲入青蔥。
十分適合作為下酒菜！

菜
青蔥

材料 （2 人份）

青蔥 … 2 根（300g）
豬五花（薄片）… 6 片（160g）
沙拉油 … 少許
鹽 … 1/4 小匙
胡椒 … 少許
檸檬（切成半月形）… 2 塊

作法

1 青蔥切成 3 等分長，再於每塊
青蔥的兩面斜斜地劃入 3 ～ 4 條
淺淺的刀痕。用 1 片豬肉將 1 根
青蔥斜斜地捲起來。剩餘食材也
依照相同作法捲成肉捲。

2 沙拉油倒入鍋中以中火燒熱，
再將作法 1 的肉捲末端朝下擺
入。用比平底鍋小一點的平面鍋
蓋蓋上（如圖），煎 3 ～ 4 分鐘。
上色後翻面，接著再次蓋上鍋蓋
煎 2 ～ 3 分鐘。煎肉時用紙巾將
油脂擦掉。

直接蓋上鍋蓋
讓肉緊貼鍋底，
才能煎出金黃色澤。

3 打開鍋蓋後撒鹽、胡椒，再取
出切成方便食用的大小。盛盤後
搭配檸檬。

〔1 人份 340kcal　用時 15 分〕

滷白菜

蝦米的鮮味將融入煮軟的白菜中，
透過清淡的鹹味引出白菜的甜味。

材料 （2 人份）

白菜 … 1/4 個（600g）
蝦米 … 2 大匙
泡發蝦米的湯汁 … 全部
生薑 … （小）1/2 小塊
酒 … 2 大匙
鹽 … 2/3 小匙
胡椒 … 少許
麻油 … 1 小匙

作法

1 蝦米洗淨，泡在 4 大匙水中 30
分～1 小時回軟。白菜連芯直接
縱切對半。生薑切絲。

2 白菜、生薑倒入平底鍋中，
再將蝦米連同泡發湯汁入鍋（如
圖）。加入酒、2 杯水後以中火
加熱，煮滾放鹽、胡椒，然後蓋
上鍋蓋以小火煮 30 ～ 40 分鐘。

長度較長的白菜也能完全
放入平底鍋中。

3 白菜變軟後撒上麻油，接著盛
盤。最後切成方便食用的大小。

〔1 人份 80kcal　用時 50 分（不
包含蝦米泡發的時間）〕

菜
白
菜

紅燒青椒小魚乾

酥脆的小魚乾交織在大塊青椒裡。
好吃到讓人想要再來一碗飯！

菜
青椒／青花菜

材料 （2 人份）

青椒 … 5 個
魩仔魚乾 ＊ … 20g
沙拉油 … 1 大匙
酒 … 2 大匙
A ┌ 砂糖 … 1/2 大匙
　└ 醬油 … 1 大匙

＊充分乾燥後質地堅硬的魩仔魚乾。

作法

1 青椒縱切對半，再去蒂去籽。

2 沙拉油倒入鍋中以中火燒熱，
再倒入青椒炒約 1 分鐘，接著加
小魚乾繼續炒 1 ～ 2 分鐘。

3 加入酒、1/2 杯水，煮滾後依
序加入材料 A 拌勻。接著蓋上鍋
蓋以小火煮 7 ～ 8 分鐘。

〔1 人份 110kcal　用時 15 分〕

味噌美乃滋青花菜

美乃滋加入味噌中即可完成簡單的醬料。
大口享用裹滿醬汁的青花菜。

材料 （2 人份）

青花菜
　… 1/2 個（150g）
鹽 … 1/2 小匙
A ┌ 美乃滋
　│ … 3 大匙
　└ 味噌 … 1 大匙

作法

1 青花菜分切成小朵，體積較大
的青花菜再繼續切成 2 ～ 3 等分。
將粗莖的外皮削去厚厚一層，再
切成 1cm 厚。

2 5 ～ 6 杯熱水倒入平底鍋中煮
滾後加鹽，再加入青花菜的莖
部，接著以稍強的中火燙約 1 分
鐘後加入剩餘的青花菜，再次滾
水燙 30 秒～ 1 分鐘熄火。將菜
泡在冷水後瀝乾並擦乾。

3 青花菜盛盤，再將材料 A 拌勻
後淋上。

〔1 人份 160kcal　用時 7 分〕

涼拌芝麻菠菜 燙

用市售的芝麻粉即可簡單完成芝麻涼菜。菠菜切記分 2 次汆燙才能呈現好看的色澤，食用前再拌以免出水。

菠菜

将根部對齊整把握住，輕輕擠乾水分。過於用力會使鮮甜味也一併流失，請特別留意。

材料 （2 人份）

菠菜 … 200g
鹽 … 1/2 小匙

A ┌ 白芝麻粉（白）* … 3 大匙
  │ 醬油 … 1 大匙
  │ 水 … 1 大匙
  └ 砂糖 … 1 小匙

＊建議使用半磨碎或粗研磨的芝麻粉。

作法

1 在菠菜根部劃入十字刀痕，泡水約 10 分鐘後洗淨。

2 5 ～ 6 杯水倒入平底鍋中煮沸後加鹽，再將 1/2 的作法 1 從根部放入鍋中，燙約 1 分鐘後泡在冷水裡冷卻。剩餘的菠菜也以同作法燙熟後冷卻，再將水分擠乾（如圖）。接著切成 3cm 長，然後繼續充分擠乾水分。

3 材料 A 倒入調理盆中混合均勻，再倒入作法 2 涼拌。

〔1 人份 90kcal　用時 15 分〕

豆芽竹輪燉菜 煮

用隨手可得的食材三兩下即可完成這道滷菜。
竹輪的鮮味融入豆芽菜後真是美味無比。

材料 （2人份）

豆芽菜 … 1 袋（250）
竹輪 …（小）2 根
沙拉油 … 1 大匙

A
├ 酒 … 1 大匙
├ 水 … 3 大匙
├ 味醂 … 2 大匙
└ 醬油 … 1 又 1/2 大匙

作法

1 竹輪斜切成 5mm 寬。

2 沙拉油倒入平底鍋中以中火燒熱，再倒入豆芽菜以稍強的中火拌炒一下。加入竹輪後繼續拌炒，並依序加入材料 A 拌勻。

3 蓋上鍋蓋，以稍弱的中火煮 5 ～ 6 分鐘，直到豆芽菜變軟。

〔1 人份 150kcal　用時 10 分〕

甜醋炒蓮藕 炒

加入甜醋讓蓮藕厚片充分煮熟，
使醋的酸味轉為圓潤。

材料 （2人份）

蓮藕 … 1 節（250g）
紅辣椒 … 1 根

A
├ 醋 … 4 大匙
├ 砂糖 … 2 大匙
├ 鹽 … 1/5 小匙
└ 水 … 2 大匙
沙拉油 … 2/3 大匙

作法

1 蓮藕切成 1cm 厚的半月形，快速沖洗後擦乾。材料 A 依序倒入調理盆中，混合均勻備用。

2 沙拉油倒入平底鍋中以中火燒熱，再倒入蓮藕炒約 1 分鐘。接著加入紅辣椒、事先拌勻的材料 A，煮滾後轉成小火，接著一邊攪拌一邊拌炒至收汁為止。

〔1 人份 160kcal　用時 10 分〕

菜 豆芽菜／蓮藕

香煎蓮藕肉餅 煎

從煎至金黃爽脆的蓮藕中傳來多汁的絞肉鮮味。
滲入絞肉的味噌更是美味的一大關鍵。

材料（2 人份）

蓮藕 * … （大）2/3 節（250g）
雞絞肉 … 150g

A
青蔥（切末）… 3 大匙
酒 … 1 大匙
味噌 … 1 大匙

太白粉 … 適量
沙拉油 … 1/2 大匙

＊直徑 6.5〜7cm、長 6cm 以上的蓮藕。

作法

1 絞肉、材料 A 倒入調理盆中，用手攪打均勻再分成 6 等分。

2 蓮藕切成 12 片 5mm 厚的圓片狀，接著快速洗淨後將水分擦乾，然後擺在砧板上，於表面撒上薄薄一層太白粉，並分別將 1 份作法 1 擺在蓮藕上攤平，再蓋上剩餘的蓮藕夾起來。

3 沙拉油倒入平底鍋中以中火燒熱，再將作法 2 擺入鍋中，煎 2〜3 分鐘後翻面再蓋上鍋蓋（如圖），然後以小火煎 2〜3 分鐘。

翻面後
蓋上鍋蓋將熱氣鎖在鍋內，
夾在中間的肉餡才能熱透。

〔1 人份 260kcal 用時 20 分〕

事前處理食材的基本步驟

肉類的事前處理

回溫

厚肉塊在低溫下直接下鍋煎的話，即使表面煎熟，有時內部還是生肉（半生不熟）。請在烹調前10分鐘～1小時從冰箱中取出備用。

去除雞腿肉多餘的脂肪

切除雞皮與雞肉間的白色脂肪及多餘雞皮。再將附著在表面的脂肪拉起削掉。將脂肪去除乾淨口感才會清爽。

雞腿肉斷筋

雞皮朝下橫向擺好，在白色筋膜較多的部分淺淺劃入4～5條刀痕。斷筋再加熱才不易收縮且易煮熟。

豬肉斷筋

在肥肉與瘦肉之間的4～5個地方劃入刀痕加以斷筋，以免加熱時豬肉容易翹起，這樣才能平均受熱。

雞里肌去筋

抓著白色筋膜邊邊，用菜刀邊邊拉將筋膜去除。拉不起來的時候，可將粗的部分切除。

片開雞里肌（蝴蝶刀切法）

縱向劃入刀痕直到較厚部位一半的深度為止。

從切口處往左邊劃入刀痕，片成一半厚度。換個方向，在另一側也以相同切法劃入刀痕片開。

雞翅劃刀

在雞肉較厚的部分縱向劃入刀痕，以便煮熟，也方便食用。

雞肉切片

將菜刀擺斜後橫向劃入肉，再往自己面前拉，將肉切開。這種切法會形成大面積切口，容易煮熟，也方便食用。

海鮮的事前處理

蛤蜊吐沙

蛤蜊倒入方盤，注入海水濃度的鹽水（約3%／調製比例為1杯水加1小匙鹽）直至淹過蛤蜊為止。

↓

蓋上報紙放在冰箱等陰暗處，靜置30分鐘～1小時。蓋上報紙營造陰暗環境，可防止蛤蜊吐出的鹽水四散。

清洗蛤蜊

蛤蜊吐完沙後將鹽水瀝乾再倒入調理盆，注入大量的水。再用蛤蜊彼此磨擦外殼洗淨，再換水沖洗。

青花魚劃刀裝飾

在魚肉較厚部分的外皮上劃入淺淺刀痕，以便煮熟，外觀也會較美觀。

青花魚切片

魚皮朝上擺好，將菜刀擺斜後橫向劃入肉，再往自己面前拉，將肉切開。一邊劃入刀痕一邊切開味道才入味，也易煮熟。

許多和食都是善用食材的簡樸料理，有時會因事前處理的狀況而影響成品的美味度。
因此接下來將為大家解說新手容易感到疑問的事前處理步驟。

花枝的事前處理

1 將花枝長有肉鰭（三角形的部分）那一面朝上，再將手指伸進去剝下內臟，並把腳拉開。

2 將長在身體內側的軟骨拉出來。

3 切掉眼睛正下方的部分，並將內臟一起切除。

4 在水中清洗身體及腳，再將手指伸進身體裡去除剩餘內臟，並以紙巾將水分擦乾。

5 將腳上的吸盤切除，再切掉腳尖 1～2cm 細的部分。接著 2 根 2 根切開以便食用。

沙丁魚的事前處理

1 報紙鋪在砧板上再擺上沙丁魚，用菜刀從尾巴往頭將魚鱗刮除，接著連同胸鰭將頭切下。

2 將腹部斜斜地從中切開。

3 用菜刀的刀尖將內臟掏出，再將頭部及內臟用報紙包起來丟掉。

4 在水中清洗沙丁魚。用手指摩擦腹部內部，將內臟剩餘部分以及血水清洗乾淨。

5 用水沖洗，再用廚房紙巾將表面及腹中水分擦乾。

徒手片開沙丁魚

1 將處理（參見左方）好的沙丁魚靠頭部的那側朝向自己面前，腹部朝上拿好，再以大拇指插進中骨下方將魚肉剝離。

2 直接沿著中骨往尾部片開來。

3 將尾部的魚骨折斷，然後壓著尾部剝離中骨。

4 用菜刀將腹骨薄薄地片下來。

菜

蔬菜的事前處理與切法

蕪菁去皮

從尾端往葉片根部縱向去皮。葉片從根部保留 2～3cm 再切下,就會色彩繽紛。

刮除牛蒡外皮

將菜刀刀片抵在牛蒡上稍微擺橫,再將刀往靠砧板上的那側移動刮除外皮。保留外皮下方的香氣成分可使風味更佳。

甜豆去除粗絲

用廚房剪刀剪下蒂頭,但是不要完全剪斷,剪到另一側的粗絲正下方即可。

↓

抓住蒂頭用力將粗絲拉除。另一側的粗絲從蒂頭切口處抓住邊緣,再依照相同作法拉除。

南瓜去除內部囊籽

用大一點的湯匙將柔軟的部分挖掉去除內部囊籽。殘留在內側的纖維狀南瓜囊也要去除。

在青菜的根部劃刀

小松菜及菠菜需從根部劃 2～3cm 較深刀痕。粗一點的青菜畫十字刀痕,細一點的蔬菜劃 1 條刀痕。如此莖部之間會打開,以便清洗煮熟。

青菜泡水

泡進水中約 10 分鐘。劃過刀痕的蔬菜吸水後會變爽脆,遍布在莖部的泥土會在水中自然掉落。換水後再沖洗並瀝乾。

將白蘿蔔泥的水分瀝除

在細網目濾網上放白蘿蔔泥,靜置一段時間將水分瀝乾。用力擠乾會導致白蘿蔔的鮮甜流失,請特別留意。

蕪菁泡水

泡在水中 5～10 分鐘,這樣根莖的泥土才容易掉落。接著攪拌一下將泥土沖洗乾淨。

切成月牙形

〈洋蔥〉
縱切對半後切口朝下再縱切對半(4等分),接著直角朝下對半即可切成 8 等分月牙形。

〈蕪菁〉
縱切對半後切口朝下再縱切對半(4等分)。蕪菁易煮散,加熱時最好切大塊點。

切成半月形

縱切對半再切斷邊緣纖維。或先切成圓片再切一半。這種切法適用於蓮藕、蘿蔔等食材。

切成滾刀塊

尾端斜切,往自己的方向轉動 90 度後從切口處切下。一致大小較易平均受熱。這種切法適用於紅蘿蔔、小黃瓜、牛蒡等食材。

香菇切花

在傘面斜斜劃入 2 條刀痕後切出 V 字型,再將 3 處 V 字型交叉,外觀會變得華麗且易煮。

切絲

<高麗菜>
切成 4～6 等分後將芯切除,然後分成內外側。將其中 1 等分的內側朝下,用手壓住。

用力壓住,從邊緣開始切絲。速度放慢,盡可能切得愈細愈好。

<生薑>
切成薄薄的圓片狀再分別將 3～4 片疊起來,接著從邊緣開始切絲。

<青紫蘇>
將葉梗較粗的部分切掉,縱向切成 2～3 等分。疊起來橫放,再從邊開始切絲。

斜切成絲

斜切成薄片後分別將 3～4 片疊起來,接著從邊切絲。這種切法適用於牛蒡、小黃瓜、紅蘿蔔等食材。

<青蔥>
縱向擺好,再縱切對半。

切口朝下,再從邊緣斜切成絲。

切成蔥花

橫向擺好,再從邊緣切成一樣寬度。將 2 根青蔥排列整齊一起切會比較有效率。

切末

<青蔥>
沿著纖維劃入緊密刀痕。

從邊緣切碎將纖維切斷。

<香菇梗>
邊邊不要切開,直接劃入 4～5 條刀痕,再轉動 90 度按相同作法劃痕。

握住較細的部位,再從邊緣切碎。香菇梗比較硬,切碎較方便食用。也可以混入肉餡當中。

★使用工具

用削皮刀削成薄片

用削皮刀削去外皮,再依照相同作法削成薄片。削成薄薄的緞帶狀可容易煮熟,口感也會更滑順。將食材邊轉邊削,這樣寬度才會一致。食材變小塊後,再用菜刀切成薄片。

用切菜器切片、切絲

根莖類或薯類等質地較硬的蔬菜要切成非常薄的薄片或細絲時,使用切菜器會比較方便。將前端或切口處放在刀片上滑動即可切片或切絲,當食材變小塊後再用菜刀切。

93

依食材分類的各式料理

日本奶奶的平底鍋料理：煎煮炒炸蒸燙，一鍋搞定
一桌菜 / 高木初江著；大庭英子監修；蔡麗蓉譯.
-- 二版 . -- 新北市：臺灣商務，2024.01
　　面；　公分

ISBN 978-957-05-3545-7(平裝)

1. 食譜

427.1　　　　　　　　　　　　　112018600

ciel

日本奶奶的平底鍋料理
煎煮炒炸蒸燙，一鍋搞定一桌菜
フライパンでおいしい和食

作　　者—高木初江
監　　修—大庭英子
譯　　者—蔡麗蓉
發 行 人—王春申
選書顧問—陳建守
總 編 輯—張曉蕊
編輯指導—林明昌
責任編輯—徐孟如、何宣儀、翁靜如
封面設計—萬勝安

版　　權—翁靜如
業　　務—王建棠
資訊行銷—劉艾琳、謝宜華
出版發行—臺灣商務印書館股份有限公司
　　　　　23141 新北市新店區民權路 108-3 號 5 樓（同門市地址）
電話：(02)8667-3712　傳真：(02)8667-3709
讀者服務專線：0800056196
郵撥：0000165-1
E-mail：ecptw@cptw.com.tw
網路書店網址：www.cptw.com.tw
Facebook：facebook.com.tw/ecptw

局版北市業字第 993 號
初版一刷：2018 年 6 月
二版一刷：2024 年 1 月
定價：新台幣 380 元
法律顧問—何一芃律師事務所
有著作權‧翻印必究
如有破損或裝訂錯誤，請寄回本公司更換